Guia prático para o inseminador e ordenhador

Paulo Mário Bacariça Vasconcellos

Técnico agropecuário formado pela antiga Escola Profissional Agrícola Dr. Carolino da Mota e Silva, Pinhal, SP (hoje Faculdade de Zootecnia de Pinhal), com curso médio de veterinária pelo Instituto Campineiro de Ensino Agrícola, Campinas, SP e curso de inseminação na Cia. Fábio Bastos, São Paulo.

Guia prático para o inseminador e ordenhador

Direitos desta edição reservados à
Livraria Nobel S.A.
Rua da Balsa, 559 – 02910-000 – São Paulo, SP
Fone: (011) 876-2822 / Fax: (011) 876-6988
e-mail:nobel@livros.com

Coordenação editorial: Solange Guerra Martins
Produção editorial: Everthon Paulo Consales
Produção gráfica: Mirian Cunha
Coordenação de revisão: Maria Vieira de Freitas
Colaborador: Célia Regina Faria Menin
Revisão: Wagner Gomes dos Santos, Sandra Regina de Souza
Capa: Luiz Carlos Alvim
Composição: GraphBox
Impressão: Associação Palas Athena

Dados de Catalogação na Publicação (CIP) Internacional
(Câmara Brasileira do Livro, SP, Brasil)

Vasconcellos, Paulo Mário Bacariça.
Guia prático para o inseminador e ordenhador / Paulo Mário Bacariça Vasconcellos. — São Paulo : Nobel, 1990.

ISBN 85-213-0646-6

1. Gado leiteiro - Manuais, guias etc. 2. Gado leiteiro - Ordenha 3. Inseminação artificial I. Título.

90-0417

CDD-636.211
-636.08245
-637.124028

Índices para catálogo sistemático:
1. Gado leiteiro : Manuais 636.211
2. Gado leiteiro : Ordenha : Técnica 637.124028
3. Inseminação artificial : Criação de animais 636.08245
4. Ordenha : Gado leiteiro : Técnica 637.124028

É PROIBIDA A REPRODUÇÃO
Nenhuma parte desta obra poderá ser reproduzida sem a permissão por escrito dos editores através de qualquer meio: xerox, fotocópia, fotográfico, fotomecânico. Tampouco poderá ser copiada ou transcrita, nem mesmo transmitida por meios eletrônicos ou gravações. Os infratores serão punidos através da lei 5.988, de 14 de dezembro de 1973, artigos 122-130.

Impresso no Brasil/Printed in Brazil

Prefácio

Este livro vem preencher um vazio nas bibliotecas de estudantes, de proprietários rurais e de criadores de gado. Ele é fruto da necessidade de esclarecimento mais detalhado a respeito das patologias e terapêuticas, das técnicas corretas de manejo e organização das propriedades rurais, para elevar o nível de uma criação, sem que isso implique grandes investimentos.

Seu autor, Paulo Mário Bacariça Vasconcellos, é técnico agropecuário, diplomado pela Escola Profissional Agrícola Dr. Cardino da Mota e Silva, de Pinhal, SP, em 1947. A partir de então sua prática tem sido sempre atenta às inovações: daí sua capacidade e competência para expor, de forma resumida e objetiva, tudo o que é importante saber sobre produção e reprodução de gado.

Com este livro, Paulo Bacariça procura colocar à disposição dos estudantes de medicina veterinária e dos criadores as informações básicas de instalação e manejo que todo criador deve conhecer.

Espero, além disso, que ele sirva de estímulo aos estudantes na busca de literatura mais aprofundada. O livro divide-se basicamente em cinco grandes unidades: na primeira estão esplanados de maneira detalhada e objetiva os princípios e técnicas da inseminação artificial, incluindo-se aí os tópicos sobre transplante e sexagem de embriões.

Na segunda unidade, a fisiologia da reprodução e os dados desde a fertilização, parto, até a lactação.

Na terceira, demonstram-se os programas de produção e, na quarta, estão descritos detalhes de administração rural, desde instalação, escrituração e fichas zootécnicas.

Por fim, na quinta unidade, o autor discorre sobre várias patologias importantes; muitas delas, aliás, são de rotina na criação, com seus quadros clínicos dos sinais e sintomas, e os tratamentos. Tudo de forma prática e precisa, para permitir a um profissional não-especializado diagnosticá-las, tratá-las ou tomar as medidas de emergência até a chegada do médico veterinário.

É certo que este livro não esgota os assuntos referentes a essa matéria; no entanto, alcança plenamente os objetivos a que se propõe.

Luiz Roberto Santos Aoki

Médico veterinário
CRMV 4 - 4980

Sumário

Capítulo I — Inseminação Artificial em Bovinos
Definição	11
Origem da inseminação — breve histórico	11
Vantagens da inseminação	12
Instalações	13
Profilaxia e higiene	14
Condições básicas	15
Aumento da produtividade	15
O inseminador	16
Obrigações do inseminador	17
Eficiência econômica na inseminação artificial	17
O que fazer para evitar o fracasso	18
Como iniciar a inseminação artificial na fazenda	18
Objetos e materiais usados na inseminação	19
Recomendações importantes	21
Procedimento em casos de emergência	22
Noções elementares de genética	24
Avaliação do mérito	26
Métodos de reprodução	26
Procriação natural	28
Reprodução controlada	29
Época de acasalamento	29
Acasalamento controlado	30
Escolha de reprodutores	30
Aquisição de reprodutores ou de sêmen	30
Observações complementares	32
Noções gerais sobre sêmen bovino: finalidade recente	33
Coleta do sêmen	34
Desempenho da vagina artificial	35
Exame do sêmen	36
Diluentes e conservadores de sêmen	36

Solução — histórico	37
Tipos de embalagem	37
Preparo do sêmen para uso	38
Recomendações importantes	39
Exame geral na vaca	40
Exame externo (da vulva)	40
Exame interno (da vagina ou da cérvix)	41
Posições da cérvix	41
Métodos de inseminação	44
Técnica do método cervical profundo ou intra-uterina	45
Fisiopatologia da reprodução	49
Transplante de embriões	49
Técnica do implante	51
Técnica do seccionamento ou divisão de embriões	51
Técnica de sexagem de embriões	52
Esquema a nível de criador	52
Como executar o transplante de embriões	53

Capítulo II — Breves Noções de Biologia

Anatomia dos órgãos de reprodução do macho bovino	55
Funções fisiológicas da reprodução (touro)	57
Anatomia dos órgãos de reprodução da fêmea bovina	61
Funções fisiológicas da reprodução (vaca)	65
Sinais internos de cio	65
Sinais externos de cio	66
Embriologia	73
Diagnóstico da gestação	79
Diagnóstico precoce	79
Cuidados com a parturiente	80
Sinais precursores do parto	81
Morte do feto durante a prenhez	82
Parto	83
Cuidados	85
Intervenção na hora do parto	86
Técnica auxiliar para a hora do parto	87
Apresentação e posições de fetos	88
Posições normais	88
Partos distócicos — anormais — posições difíceis	89
O úbere	90
Lactação	94
Ordenha	96

Ordenha manual	99
Ordenha mecânica	100
Técnica para secagem das vacas leiteiras	107
Manejo	108
Higiene	108
Higiene das vacas leiteiras	109
Higiene do inseminador-ordenhador	109
Higiene dos utensílios	110

Capítulo III — Noções para Reprodução, Cria e Saúde de Bovinos Leiteiros

Categoria 1 - Vacas em lactação	113
Categoria 2 - Bezerros mamões	117
Técnica de fornecimento de colostro	118
Aleitamento natural	120
Criação a pasto (sistema comum)	122
Abrigo tipo gaiola	123
Aleitamento artificial	124
Desmame precoce (técnica canadense)	128
Cocho privativo ou *creep feeding*	130
Categoria 3 - Bezerras em recria	132
Categoria 4 - Novilhas em crescimento	132
Categoria 5 - Vacas secas e novilhas em gestação	133

Capítulo IV — Instalações — Estábulo

Mangueira ou curral de espera	137
Estábulo propriamente dito	137
Instalações anexas	141
Escrituração	141

Capítulo V — Conhecimentos Gerais Básicos de Prática Veterinária

Sinais de estado enfermo dos bovinos	147
Estado clínico dos bovinos	148
Temperatura	148
Pulsação	149
Respiração	149
Injeção	150
Endovenosa ou na veia (IV)	150
Subcutânea ou hipodérmica (SC)	151
Intramuscular (IM)	151
Intradérmica (ID)	151

Purgantes	152
Mortalidade de bezerros	152
Principais doenças dos bezerros	155
Diarréias	155
Onfaloflebite (umbigueira)	159
Sapinho (estomatite)	160
Pneumoenterite	160
Pneumonia (broncopneumonia)	161
Influenza dos bezerros (pneumonia)	161
Peste dos polmões (piobacilose)	162
Difteria	162
Helmintoses ou verminoses	163
Tristeza parasitária ou plasmose bovina	165
Botulismo	168
Doenças infecciosas que atacam os órgãos de reprodução	168
Retenção de placenta ou secundinas	172
Lavagem uterina ou intra-uterina	173
Febre vitular, febre de leite, paresia puerperal (choque)	175
Doenças do úbere das vacas	176

I

Inseminação Artificial em Bovinos

DEFINIÇÃO

É o processo mecânico artificial que consiste na introdução do líquido fecundante chamado *sêmen*, obtido mecanicamente dos órgãos genitais masculinos, nos órgãos genitais femininos em cio, com a finalidade de fecundá-los; a inseminação é feita com o auxílio de um tubo de plástico esterilizado chamado *pipeta* — quando se usa ampola — ou de um aplicador de metal revestido de fino tubo plástico esterilizado e descartável, quando se usam palhetas ou tubos médios e mini.

A inseminação artificial substitui apenas o ato da cópula; as demais etapas se processam naturalmente, e os produtos obtidos são iguais aos nascidos pelo coito normal; trata-se, portanto, de uma técnica moderna de fecundação, e deve ser usada sempre como um meio e não como um fim, ou seja, para a melhoria dos rebanhos com relação à produção de carne e leite.

ORIGEM DA INSEMINAÇÃO — BREVE HISTÓRICO

Segundo a história, a primeira notícia a respeito de inseminação artificial vem do século XIV, por volta do ano 1332; um chefe árabe desejava ser dono de um filho de um reprodutor que pertencia a uma pessoa influente; mas como isso lhe era impossível, colheu, com o auxílio de uma esponja marinha, o sêmen do interior da vagina de uma égua recém-coberta, por esse tal reprodutor, e imediatamente espremeu a esponja dentro da vagina de sua égua, que estava em cio, conseguindo fecundá-la.

Comprovadamente, sabemos que por volta de 1870 um fisiologista italiano, Lázaro Spallanzani, conseguiu fertilizar uma cadela com o sêmen obtido de um cão, utilizando o processo de masturbação manual (excitação mecânica): 62 dias depois, obteve três produtos (filhotes) normais. Mais tarde, em 1897, um professor e veterinário russo, Elia I. Ivanov, juntamente com uma escola russa, depois de obter grande sucesso em éguas e vacas, aplicou esse processo em ovelhas, usando sêmen com espermatozóides vivos, retirados do epidídimo de um carneiro morto que havia ficado congelado durante quatorze dias; em 1912/1914, esses mesmos pesquisadores idealizaram e oficialmente colocaram em uso a primeira vagina artificial de que se tem notícia, e que foi utilizada para coleta de sêmen de cães.

Mas o verdadeiro progresso de inseminação artificial ocorreu apenas depois da Segunda Guerra Mundial, em 1945, quando a maioria dos países passou a adotá-la em todos os mamíferos, aves, peixes, abelhas etc.

Após a invenção da vagina artificial, estabeleceram-se sistemas de coleta, diluição, conservação e aplicação do sêmen nos seres vivos em 1950; o congelamento, porém, só foi possível a partir de 1958.

A primeira cooperativa para inseminação de gado leiteiro de que se tem notícia foi criada em 1936 por Sorensen, na Dinamarca.

Em média, 50 milhões de vacas são inseminadas por ano no mundo, cabendo ao Brasil, que possui um rebanho de 120 milhões de cabeças, inseminar apenas de quatro a cinco milhões anualmente.

VANTAGENS DA INSEMINAÇÃO

São muitas as vantagens, podendo-se citar as seguintes:

1) Aproveitamento máximo do potencial genético dos reprodutores de qualidade superior, que, em cada ejaculação, em vez de cobrir apenas uma fêmea, produz espermatozóides para fecundar duzentas fêmeas em média, disseminando-se rapidamente as características do reprodutor.

2) Uniformização dos rebanhos a partir de um único pai.

3) Padronização do período de reprodução, conseguindo-se períodos de nascimento e desmama bem definidos com os bezerros uniformes.

4) Possibilidade de manutenção e disseminação de caracteres genéticos favoráveis do reprodutor (congelamento do sêmen).

5) Possibilidade de identificação de animais com problemas de reprodução (sistema de identificação individual por brincos e fichários).

6) Facilidade de transporte a qualquer distância, através da diluição e congelamento do sêmen.

7) Melhoramento do potencial genético de forma econômica.

8) Controle da eficiência de fecundação.

9) Possibilidade de comercialização de sêmen de alto valor zootécnico para os proprietários de reprodutores de elevado potencial.

10) Facilidade de realização (conhecimentos iniciais e muita prática).

11) Possibilidade dos proprietários de reprodutores de alto valor zootécnico poderem congelar e comercializar o sêmen de seus reprodutores, obtendo bons lucros, desde que cumpram as exigências legais.

A implantação do método de inseminação artificial não é difícil, mas requer conhecimentos iniciais e, em seguida, *muita prática.*

Assim, é importante que o manejo seja técnico e racional, devendo-se conservar os animais em bom estado de saúde e mansidão. Deve-se procurar elementos humanos competentes com a lida, evitando-se os curiosos que não tenham conhecimentos, por mais jeitosos que possam parecer.

INSTALAÇÕES

Deve-se procurar adaptar ou construir as instalações necessárias, que são poucas, mas indispensáveis:

Para gado leiteiro: Quando uma vaca em cio estiver dando leite, deverá ficar contida no estábulo depois da ordenha, juntamente com outras vacas — três por exemplo —, para não se assustar. Deve-se também evitar alterações em sua rotina diária.

Para gado de corte: São necessários um brete e tronco, de preferência cobertos no centro de dois currais; num desses currais deverá haver cochos para sal ou ração e água. As fêmeas a serem inseminadas devem passar diariamente por essas instalações para se acostumarem. Se houver alguma viciada, fecha-se o brete, com vários animais em seu interior, deixando a que estiver em cio por último, quando será inseminada normalmente, enquanto aguarda para ir até o lado dos cochos, como faz habitualmente.

PROFILAXIA E HIGIENE

São duas atividades imprescindíveis quando se pretende adotar a inseminação artificial. Por isso, é preciso observar o seguinte:

1) Não fazer inseminação nas fêmeas que, por qualquer motivo, apresentem corrimentos vaginais, mesmo que estejam em cio, pois, com certeza, irão perder o sêmen e todo o trabalho estará perdido.

2) Submeter a exame veterinário todas as fêmeas que não fecundarem depois de mais de dois cios.

3) Efetuar sistematicamente em todas as vacas recém-paridas (dos dezoito aos 22 dias) uma lavagem intra-uterina, com antisséptico e água morna (fervida antes), para uma perfeita desinfecção, favorecendo a involução do útero que, livre de infecções, terá dentro de 58 a sessenta dias o novo cio. Essa prática da lavagem oferece oportunidade ao inseminador para treinar a passagem de pipeta e conhecer a cérvix da vaca.

4) Efetuar lavagens uterinas nas fêmeas com desinfetantes líquidos e, após a eliminação, colocar antibióticos (bananinha) nas que tiverem retenção de placenta ou que abortaram.

5) Executar todos esses processos com materiais totalmente esterilizados, para não ferir nem provocar infecção nos órgãos internos da vaca.

6) Controlar, por meio de exames, a entrada de novos animais na propriedade, para evitar a introdução de animais doentes (gadinho barato).

7) Efetuar a vacinação periódica contra doenças de maior ocorrência na região.

8) Fazer a vermifugação dos animais, duas vezes por ano no mínimo (na entrada das águas e da seca).

9) Combater sistematicamente os carrapatos e bernes, alternando medicamentos para evitar formação de agentes parasitas resistentes.

10) Deixar os bezerros mamarem o colostro por, no mínimo, três dias nas mães, ou em mamadeiras (baldes), duas vezes por dia.

CONDIÇÕES BÁSICAS

Para que a técnica da inseminação artificial seja bem-sucedida, é preciso:
a) sanidade do rebanho;
b) controle reprodutivo eficiente;
c) nutrição — alimentação racional.

Quanto à saúde, é fundamental o controle preventivo com vacinações sistemáticas contra as doenças mais comuns (aftose, brucelose, carbúnculo, paratifo) e também o controle dos parasitas por meio de vermifugações e banhos carrapaticidas-bernicidas.

O controle reprodutivo será exercido por meio de um programa que irá avaliar as matrizes e novilhas para conservar e manter a fertilidade do rebanho em níveis altos e dos índices de concepção orientada por assistência veterinária.

A nutrição dos animais deverá ocorrer em quantidade e qualidade proporcionais à idade, estágio e nível de produção.

A alimentação será feita com rações balanceadas e volumosos eficientes mais indicados.

AUMENTO DA PRODUTIVIDADE

Para se atingir este objetivo, é necessário recorrer à seleção genética, realizada mais facilmente nas propriedades que adotam a inseminação artificial. Além disso, deve-se empregar uma nova dinâmica na modalidade de exploração que consiste em:
a) melhorar a fertilidade do rebanho;
b) melhorar a produtividade — maior desfrute;
c) baixar os índices de mortalidade (sempre altos);
d) obter animais mais precoces.

Ao efetuar a compra de sêmen, no mínimo de três touros, após a escolha das raças desejadas deve-se escolher os melhores animais quanto ao tipo e produção (leite, carne etc.) e observar a constância (repetibilidade) da transmissão de peso ou aumento de leite, o tamanho dos bezerros ao nascer (problemas de parto), dando-se preferência a semens de touros submetidos a teste de progênie e também a semens de animais vivos, para haver continuidade do programa.

O INSEMINADOR

É fundamental o papel que um inseminador desempenha no programa de inseminação artificial.

Um inseminador capacitado significa apoio e segurança para a obtenção de bons resultados. Não lhe basta, porém, apenas habilidade para fazer passar a pipeta ou o aplicador no colo (cérvix) do útero; é necessário que receba completa orientação profissional em curso reconhecidamente eficiente.

O inseminador é um elo de real importância na corrente reprodutiva dos bovinos de um programa de inseminação artificial.

O inseminador não terá grande índice de fecundações positivas na primeira inseminação porque:

a) geralmente insemina muito profundo — não deve proceder dessa forma, pois pode colocar a maior parte do sêmen em um dos cornos uterinos e a vaca ovular justamente com o ovário oposto, não havendo fecundação (porque os espermatozóides sobem);

b) ainda não está muito acostumado com o uso da luva, mas isso irá melhorar com a prática;

c) pode ficar nervoso quando há pessoas por perto, principalmente os patrões;

d) pode estar doente, ou usa o outro braço, ainda sem prática.

Para obter elevada porcentagem de fertilidade nos bovinos, o inseminador deve observar os seguintes pontos:

a) que o sêmen seja fértil para ser eficiente; que esteja no próprio local da inseminação e no momento certo (no início, é melhor praticar com sêmen nacional, pois é mais denso);

b) que o cio da vaca esteja comprovado e limpo para fornecer um óvulo capaz de ser fecundado no momento certo;

c) que o útero e dependências estejam neutros (sem acidez); na fecundação, com a presença do macho, o touro, erguendo a cabeça, aspira o ar para sentir o pH da secreção vaginal; já o inseminador deve conhecer essas condições favoráveis para os espermatozóides através da claridade do muco vaginal;

d) que, preferencialmente, inseminem-se as novilhas (na primeira vez) com sêmen de touro que produza bezerro pequeno, para evitar problemas na hora do parto.

Obrigações do inseminador

1) Saber inseminar muito bem e rápido.
2) Ter disposição e gosto pelo trabalho.
3) Procurar melhorar cada vez mais, evitando repetições dos erros.
4) Não mudar por conta própria o método que lhe foi ensinado, inventando coisas que poderão prejudicar o trabalho.
5) Saber, com precisão, toda a prática e técnica da inseminação artificial, para não provocar prejuízo e não desacreditar esse moderno método de reprodução.
6) Distribuir o rebanho em diversos pastos, a saber:
   a) vacas recém-paridas (aguardando inseminação);
   b) vacas recém-inseminadas (aguardando confirmação) e vacas prenhes dando leite;
   c) novilhas adultas e vacas secas prenhes ou a inseminar;
   d) novilhas novas e bezerras em desenvolvimento.
7) Observar constantemente os cochos para que não fiquem vazios de sais minerais.
8) Ter por obrigação reunir todo o rebanho sempre que o veterinário vier à fazenda fazer vistoria e trabalhar, devendo mostrar-lhe toda e qualquer irregularidade com os animais, a saber:
   a) os semens que não estiverem emprenhando;
   b) vacas que tiveram parto difícil;
   c) vacas com corrimento vaginal;
   d) vacas que repetem o cio constantemente;
   e) vacas que não soltaram a placenta (sujas);
   f) vacas que não entram no cio;
   g) vacas que abortaram.

EFICIÊNCIA ECONÔMICA NA INSEMINAÇÃO ARTIFICIAL

A eficiência econômica só será obtida por inseminador altamente qualificado, que possa dar uma assistência técnica efetiva.

A mão-de-obra decisiva no processo de inseminação artificial é, portanto, exercida pelo inseminador capacitado, pois de seus conhecimentos e de sua habilidade irá depender o sucesso ou fracasso da técnica.

Ele poderá ser o ordenhador (retireiro) ou o próprio administrador, devendo sempre assumir toda a responsabilidade pelo sucesso ou fracasso do método, desde a escolha dos reprodutores até o descongelamento e deposição do sêmen no momento exato em que a fêmea deve recebê-lo, não devendo ultrapassar uma dose e meia por inseminação positiva.

O QUE FAZER PARA EVITAR O FRACASSO

Para que a inseminação artificial não se torne um problema, são necessários:

1) Sanidade do inseminador e conhecimentos de higiene, evitando transmissão de aftose, brucelose, mastite, tuberculose.

2) Noções de esterilização, pois os órgãos reprodutores das vacas são muito sensíveis e os instrumentos empregados na inseminação são passíveis de contaminação. A falta de habilidade também pode gerar infecções que resultam em abortos e até em morte.

3) Visualização correta do cio.

4) Horário certo para realizar a inseminação artificial.

5) Certificar-se da alta fertilidade do sêmen empregado.

COMO INICIAR A INSEMINAÇÃO ARTIFICIAL NA FAZENDA

As pessoas que desejarem adotar essa técnica devem observar os seguintes procedimentos:

1) Chamar um veterinário para efetuar os exames de *tuberculose e brucelose* em todo o gado bovino da fazenda, eliminando, sem exceção, os animais que forem reagentes positivos (confirmar com dois exames).

2) Selecionar as fêmeas, separando as melhores para serem as matrizes, deixando-as em pastos melhores e mais próximos, para facilitar o manejo e a assistência. Identificá-las, marcando-as ou colocando-lhes brincos na orelha e abrindo ficha de controle.

3) Chamar o veterinário para efetuar os exames ginecológicos, ou seja, "dar o toque" em todas as fêmeas selecionadas anteriormente, exceto nas que estiverem paridas até sessenta dias.

4) Separar do rebanho as vacas com problemas nos órgãos de reprodução (corpo lúteo persistente, hipofunção etc.) para o respectivo tratamento, devendo-se seguir as prescrições do veterinário.

5) Escolher um ou dois empregados, dando preferência aos que queiram aprender, aos mais estáveis, habilidosos, sem medo, com braços e dedos finos, que não sejam muito baixos, que tenham índole calma e sejam delicados, enviando-os para um curso prático em algum centro de inseminação próximo. Deve-se sempre evitar os que sabem fazer a inseminação na base da curiosidade ou "orelhada", pois será fracasso na certa por desistência, ocasionando perda de tempo e dinheiro.

6) Providenciar a adaptação ou construção das instalações necessárias.

7) Comprar os materiais para inseminação, a saber: botijão para conservação do sêmen, caixa para uso do inseminador, luvas, pipetas etc.

8) Manter um animal como *rufião* entre as vacas solteiras, podendo ser um macho operado (não castrado) ou uma vaca androginizada, para que eles, lambendo e montando, despertem nas outras vacas o instinto sexual, fazendo-as entrar em cio regularmente e evitando, assim, a frigidez (isto o inseminador não substitui e o rufião servirá como auxiliar).

9) Ensinar um peão a olhar e percorrer o gado diariamente, no mínimo duas vezes, das 6 às 8 horas e das 17 às 19 horas (horas mais frescas do dia), para reconhecer e separar as fêmeas que entrarem em cio para serem inseminadas no tempo certo.

10) Aplicar ADE nos animais aptos, colocando-os em piquetes com bastante pasto, onde devem existir permanentemente cochos com sal mineral e farinha de ossos à disposição dos animais.

OBJETOS E MATERIAIS USADOS NA INSEMINAÇÃO

O inseminador é responsável por todos os objetos e materiais que serão usados durante a inseminação e que ficam sob seus cuidados, devendo providenciar as reposições em tempo hábil. Assim, temos:

Botijões: são congeladores portáteis ou estacionários constituídos de pequenos reservatórios metálicos, cilíndricos, confeccionados com material especial; possuem parede dupla e entre elas há vácuo e um material isolante térmico (lã de vidro, cortiça), que permite a conservação da temperatura interna, pouco sofrendo a ação da temperatura externa (calor). Existem no mercado botijões de várias capacidades em quantidade de sêmen (verificar a orientação na embalagem) e de nitrogênio líquido (tempo de conservação). Qualquer batida poderá quebrar o equilíbrio existente entre as duas paredes e avariar o aparelho (ver tabela abaixo).

Modelos de botijões *

Características técnicas	DS-18	SM-33	DS-34	XR-16-A
Altura (cm)	65,0	65,0	65,0	58,7
Diâmetro (cm)	37,5	47,0	47,0	40,1
Peso vazio sem *canister* (kg)	11,5	16,6	16,5	10,4
Peso cheio (kg)	25,6	43,6	43,5	27,0
Capacidade de nitrogênio (l)	17,5	33,4	42,2	20,0
Diâmetro do gargalo (cm)	5,08	5,08	7,00	6,08
Capacidade de sêmen				
Ampolas de 0,5 cc-8 por *rack*	432	432	1.056	1.464
Ampolas de 1,0 cc-6 por *rack*	252	252	684	252
Palhetas de 0,5 cc-10 por *rack*	540	540	1.260	1.464
Desempenho térmico				
Temperatura de armazenamento	-196°C	-196°C	-196°C	-196°C
Taxa de evaporação estática (d)	0,097 l	0,114 l	0,170 l	0,110 l
Tempo de manutenção estática	180 d	292 d	196 d	180 d
Duração com trabalho a campo (N)	16 sem	26 sem	16 sem	16 sem

*Existem botijões de maiores capacidades, a saber:
Al-29 - abriga 2.376 ampolas de 1 cc - pesa 50 kg - usa 41 l
MVE-A-8.000 - abriga 12.000 ampolas de 1 cc - pesa 303 kg - usa 240 l
MVE-A-2.542 - abriga 24.000 ampolas de 1 cc - pesa 500 kg
(Os dois modelos MVE-A possuem roldanas embaixo para facilitar a locomoção.)

Esses botijões são usados para conter em seu interior o produto chamado nitrogênio líquido, que é um gás inerte, insípido, inodoro e incolor, retirado do ar atmosférico. Não é tóxico nem inflamável e tampouco irritante; constitui o elemento mais frio que se conhece, pois chega a -196°C e por isso queima, mesmo que por contato rápido, a área que atingir (olhos, pele, roupa etc.). Não se deve deixá-lo em locais hermeticamente fechados porque tem a propriedade de evaporar constantemente, embora lentamente, em forma de fumaça densa, podendo por isso vir a explodir. É perigoso. No caso de queimaduras (muito comum em olhos e dedos), deve-se lavar a parte afetada imediatamente com água fria em abundância, seguida de compressas com gelo e, se necessário, chamar ou procurar o médico.

Pelo fato do nitrogênio líquido emitir uma evaporação relativamente volumosa, há a necessidade de se medir periodicamente o seu nível. Para isso, deve-se desinfetar uma varinha de plástico de 0,60 m de comprimento e 3 mm de diâmetro e introduzi-la até o fundo do botijão pelo gargalo; deixa-se por cinco segundos e retira-se em seguida, agitando-a no ar. Haverá formação de gelo na superfície da parte que esteve dentro do líquido, indicando assim o nível, que não pode baixar de 10 cm; neste caso, o botijão deve ser recarregado. Se, por qualquer motivo (descuido ou vazamento), o nitrogênio evaporar completamente, o sêmen descongelará e morrerá, ficando, portanto, inutilizado.

O tampão do botijão deve ser mantido limpo e seco; se houver a formação de gelo à sua volta, deve-se degelar e secar bem, pois o gelo impede o escape livre dos vapores de nitrogênio. A transferência de nitrogênio de um botijão para outro deve ser feita muito lentamente para que haja o mínimo possível de evaporação.

Os botijões possuem na parte interna um espaço para conter, além do nitrogênio líquido que fica solto, algumas varetas de metal soldadas a pequenos tubos, também de metal, chamados *Canister*, cuja função é abrigar as hastes chamadas *Racks* ou porta-ampolas, porta-palhetas etc.

No lado externo, os botijões têm uma válvula de segurança e alças.

Recomendações importantes

Para o bom êxito da inseminação, deve-se observar o seguinte:

1) Guardar o botijão em lugar fresco, ao abrigo do sol ou da chuva, e, quando dentro de veículo, deixá-lo sempre à sombra com o vidro meio abaixado.

2) Manter o botijão dentro de uma caixa de isopor revestida de madeira e, ao viajar, amarrar a caixa para evitar que tombe ou caia do veículo.

3) Guardar o botijão com a tampa trancada com cadeado para evitar que curiosos o abram.

4) Verificar constantemente (uma vez por semana) o nível do nitrogênio e não deixar jamais que o nível do líquido caia abaixo de 15 cm.

5) Se não se usar todos os *canisters,* deve-se retirar os que estiverem vazios para economizar nitrogênio e facilitar a rápida retirada dos outros *canisters* para uso.

Procedimento em casos de emergência

Os casos de emergência requerem atenção redobrada. Assim, deve-se estar sempre preparado para enfrentar essas situações.
Se ocorrer esgotamento do congelador (falta de nitrogênio), deve-se:

a) procurar o fornecedor de nitrogênio (fábrica ou depósito);

b) providenciar junto a outro inseminador um pouco de nitrogênio líquido até reabastecer o congelador;

c) informar o administrador ou o gerente da propriedade sobre essa ocorrência, para se providenciar uma rápida solução;

d) observar se há esgotamento total do nitrogênio líquido, mesmo que seja transitório, e, se possível, não usar as ampolas.

Para evitar essa situação, o inseminador deve cuidar do equipamento com máximo esmero, vigiando com freqüência seu funcionamento, para que não seja o responsável por um eventual fracasso em futura inseminação.

Caixa do inseminador: pequena caixa de madeira ou chapa onde deverão ficar protegidos, porém à mão, os materiais a serem usados pelo inseminador.

Espéculo vaginal: pequeno aparelho constituído de um tubo de aço inoxidável ou latão de 3 cm de diâmetro e 0,50 m de comprimento, dotado numa das extremidades de uma lanterna soldada que serve de cabo. Funciona com duas pilhas grandes, que são ligadas por um interruptor giratório, colocado na parte inferior da lanterna, e que acendem uma pequena lâmpada instalada numa haste fina e comprida, soldada por dentro do tubo, de modo a clarear a outra extremidade sem prejudicar a visão ou a saída de líquidos. Serve para auxiliar os exames e pesquisa dos órgãos genitais internos da vaca.

Pipetas, cateter, sonda etc.: são tubos de plástico neutro, coloridos ou brancos, podendo ainda ser de metal inoxidável, ocos, com 5 cm de espessura e 0,48 m de comprimento, com ambas as pontas polidas para não causar ferimentos. São usados para efetuar a inseminação, em geral, e para se fazer lavagens uterinas.

Luvas: são invólucros semelhantes a um saco, que se colocam nas mãos; podem ser de borracha ou plástico bem fino, lavável; podem ter encaixe para os dedos, ou com encaixe apenas para o polegar (neste caso, são descartáveis), ambas são usadas para inseminação e intervenções cirúrgicas (ginecológicas).

Após o uso são lavadas e postas a secar. Depois de secas, coloca-se talco em seu interior para evitar que se grudem os dedos. Elas podem ainda ser de cano curto ou longo, presos por alça em volta do pescoço.

Bulbo: pequena peça de borracha ou plástico, semelhante ao cabo de conta-gotas, que se coloca numa das extremidades da pipeta para se fazer pressão e aspirar o líquido que estiver no interior da ampola e, depois, ao ser pressionado, expelir o líquido para fora da pipeta, dentro do útero.

Corta-ampolas: é um pequeno aparelho, semelhante a um lápis, de metal niquelado, dotado numa das extremidades de um diamante cortante e na outra de uma parte oca com rosca para quebrar a ponta da ampola depois de se riscar com o diamante; isso evita o corte dos dedos e não deixa o líquido escorrer. A parte oca serve para guardar o diamante.

Descongelador: é um pequeno reservatório ou garrafa térmica (como alternativa pode-se usar um copo de isopor), usado para descongelar a ampola. Coloca-se água quente à temperatura de 35 a 37°C, em seguida a ampola e espera-se descongelar. A palheta média e o minitubo podem ser descongelados também em água a 35°C, durante 15 a 20 segundos, e a minipalheta, durante 7 segundos.

Observação: o espéculo e as sondas de metal, depois de usados, devem ser muito bem lavados com água e sabão e, a seguir, esterilizados em fogo por meio da flambagem (ou seja, uma rápida passada do aparelho sobre a chama ateada num pedaço de algodão embebido em álcool).

Irrigador ou bolsa de borracha: são reservatórios pequenos nos quais se coloca água morna ou fervida e deixada amornar; a seguir, coloca-se um medicamento para lavagens uterinas.

Outros materiais: talco, papel higiênico, caixa de fósforos, rolo de algodão, álcool, rivanol ou permanganato de potássio, Furacin líquido, pentabiótico, bicarbonato de sódio, vaselina, sabonete neutro e seringa de 50 cc.

Fichário: o criador deve fazer um registro zootécnico honesto, que mereça fé, para acompanhar a vida reprodutiva das vacas. A ficha individual deve conter o máximo de dados possíveis, extraídos do livro diário, que deve ficar nos currais, e conter toda ocorrência diária (mesmo as julgadas sem importância).

NOÇÕES ELEMENTARES DE GENÉTICA

Os genes transmitem a hereditariedade, isto é, as características de produção de carne, de leite, pelagens, aspecto exterior etc., que serão herdadas e transmitidas de uma geração a outra; eles estão contidos nos cromossomos que cada animal possui em número certo de pares e juntos formam as células de cada indivíduo.

Nos bovinos, um novo indivíduo surge da união de duas células vivas, quando o espermatozóide do macho, com trinta pares de cromossomos e grande número de genes, penetra o óvulo da fêmea, também com trinta pares de cromossomos e grande número de genes; essa união de núcleos celulares chama-se *fecundação* ou *fertilização*; nessa hora, as características hereditárias e o sexo são determinados no feto.

Metade da herança vem do pai e metade da mãe; os cromossomos da mãe são somente do tipo XX, enquanto, nos machos, um par é do tipo XX e outro par do tipo XY; ao se unirem, será determinado o sexo do futuro ser; XX com XX = fêmea e XX com XY = macho.

Durante o desenvolvimento de um indivíduo, certas características sobressaem às outras, são os *caracteres dominantes,* e as que ficam ocultas ou em menor quantidade chamam-se *caracteres recessivos*, que só se manifestam quando não há presença dos dominantes. Esses caracteres influem em todas as produções do indivíduo.

A consangüinidade ou parentesco, isto é, animais filhos do mesmo pai ou da mesma raça têm importância fundamental na fixação de tipos e da produtividade dentro dessa raça.

A qualidade genética dos animais consiste em selecionar os pais segundo o rendimento de sua progênie (filhos) ou descendentes, no que diz respeito às qualidades que se deseja melhorar, como produção de carne ou leite. Essa seleção, chamada *prova de progênie*, é efetuada com touros cujo potencial é desconhecido e muito usada na inseminação artificial na seleção de semens para venda.

Prova de touro é a comparação feita com descendentes de diversos touros, sempre no mesmo ambiente e ao mesmo tempo, para se verificar o rendimento de maior número de filhos por animal etc., recebendo a classificação de touro provado. Devem ter no mínimo dez filhas com lactação completada na idade de dois anos.

Touro provado é o animal com potencial genético considerado superior, pois transmite suas características aos descendentes de modo *regular*, isto é, *com repetibilidade*; segundo a maior ou menor escala, recebe a classificação de um a cinco pontos; animais com essas qualidades são muito poucos (10%), difíceis de se conseguir ou encontrar e, por isso, são muito caros.

Classificação

Excellent(EX): Excelente(EX): 90 pontos ou mais
Very good(VG): Muito boa(MB): 85 a 89 pontos
Good plus (GP): Bom para mais (B+): 80 a 84 pontos
Good (G): Boa (B): 75 a 79 pontos
Fair (F): Regular (R): 65 a 74 pontos
Poor (P): Mal (M): Menos de 65 pontos

Menções para touros

Americana	Canadense
GM: classe extra	Extra: quando possui SP e ST (juntos)
SMT: produção superior	SP: produção superior
SMT: tipo superior	ST: tipo superior

Menções para vacas

Vaca estrela: quando possui três ou mais descendentes classificados e três descendentes com produção positiva (plus).
Vaca superior: quando possui produção superior com cinco recordes.
Vaca vitalícia: quando possui produção larga, ou seja, recordes de produção vitalícia de leite e gordura.

Índice de produção da vaca

ETA: é a capacidade genética de a vaca transmitir leite, gordura e porcentagem de gordura no leite a seus descendentes.
BCA ou MPI: é o índice de produção aplicado a todos os recordes oficiais de leite no Canadá.

Abreviações

> GA: Aparência geral — MS: Sistema mamário
> DC: Caráter leiteiro — FU: Úbere anterior
> C: Capacidade — RU: Úbere posterior
> R: Garupa — ST: Estatura
> FL: Pés e pernas — SI: Tamanho

Atualmente, pela inseminação artificial, pode-se adquirir semens desses touros com toda a idoneidade, honestidade e certeza de filiação, desde que se compre de firmas idôneas.

AVALIAÇÃO DO MÉRITO

O sistema de avaliação da habilidade (mérito) genética de um touro, para produção de carne ou leite, chama-se *diferença prevista* ou EDS e pode ser:
  a) *Positiva* (+), quando excede a média da raça.
  b) *Negativa* (–), quando não alcança essa média.

Os touros podem ser altamente positivos ou apenas positivos (de 5 a 1) — mais ou menos 30% do total —, devendo os 70% restantes considerados negativos serem eliminados (forçosamente darão prejuízo). Na prática, os filhos de animais positivos produzirão mais que os próprios pais (corte) ou as mães (leite).

MÉTODOS DE REPRODUÇÃO

Breves noções sobre os métodos de reprodução em animais da mesma espécie.

Seleção (siglas usadas): animais da mesma raça pura (P); registrados no país de origem (O); nacional (N): PON. Quando importados de outro país (I): POI.

Mestiçagem (caracteres instáveis): quando os animais de raças mestiças produzem *baixa mestiçagem* na primeira vez e animais *refinados* na segunda; na terceira, produzem o animal conhecido por *gabiru, pé-duro,* ou comum.

Cruzamento simples (caracteres estáveis): quando os animais são de duas raças diferentes, embora puras, produzem *o bi-cross*, com 12% de aproveitamento. É o animal do tipo industrial (F-1, F-2). Ex.: *Girolanda*. O cruzamento que envolve três raças produz o *three-cross*, com melhor aproveitamento: 20%.

Cruzamento alternado: é feito com animais de duas raças puras. Inicia-se no *bi-cross* (1/2-1/2), cruzado com uma das raças puras iniciais (3/4 -1/4); cruzado com a outra raça pura inicial (3/8-5/8), a seguir os cruzamentos são feitos com produtos já obtidos entre eles, escolhendo-se os mais perfeitos e que tenham as características desejadas (3/8-5/8 x 5/8-3/8), até o quarto cruzamento, dando origem ao produto denominado *Bimestiço*, que constitui uma nova raça. (Neste caso, usa-se a consangüinidade.) Ex.: raça *Canchim*, raça *Santa Gertrúdis*, raça *Pitangueiras* etc.

Cruzamento absorvente: é feito com duas raças (uma absorve a outra), sendo geralmente uma raça pura (importada) e outra local (nacional). No início, também produz *bi-cross* (1/2-1/2), primeira geração (mestiço); o produto cruzado com a raça pura inicial (outro pai) produz o mestiço 3/4 (segunda geração); este produto, cruzado com a raça pura (outro pai), produz o mestiço 7/8 (terceira geração); este, cruzado com a raça pura (ainda outro pai), produz 15/16 (quarta geração); este, cruzado com a raça pura (outro pai), produz 31/32 (quinta geração), que inicia a chamada *Alta mestiçagem*, sendo os produtos conhecidos por *Puro por cruza* (PEN). Quando os cruzamentos são registrados por associações recebem a sigla PCOC (puro por cruza origem conhecida); caso contrário, recebem PCOD (puro por cruza origem desconhecida).

A partir da sexta geração, inicia-se a *Geração controlada* (GC), sendo a GC1 (62/64), a GC2 (124/128), já com os caracteres da raça fixados (sétima geração), PCN.

Da oitava geração GC3 (248/256) em diante, a raça pura é denominada *Puro de pellets* ou *pedigree*, sendo considerada superior ao *Puro de origem importada*, pois são animais aclimatados naturalmente.

Em cada um dos cruzamentos deverá ser usado um outro reprodutor também *Puro* e da mesma raça, porém que seja *Positivo* (melhorador).

Consangüinidade: é o acasalamento de animais consangüíneos, isto é, da mesma linhagem de sangue ou da família. A consangüinidade pode ser:

Estreita: quando é feita com animais parentes muito próximos, de primeira e segunda gerações, isto é, pai e filhas, mãe e filhos; avô e netas, avó e netos; irmãos e irmãs.

Próxima: quando é feita com animais parentes de terceira e quarta gerações, isto é, tios e sobrinhas ou primos entre si.

Larga: quando são parentes distantes da quinta geração em diante, até a décima geração.

Direta: quando o parentesco for em linha reta.

Colateral: quando o parentesco for em linha cruzada.

A consangüinidade bem orientada é fundamental na fixação definitiva do tipo, principalmente na formação de novas raças. No entanto, deve-se aproveitar apenas os produtos mais perfeitos e com as características almejadas, abatendo-se rigorosamente os animais que forem descartados.

Hibridação: é o acasalamento entre animais pertencentes a espécies diferentes, sendo o produto chamado *híbrido*; normalmente, a fêmea apresenta pouca fertilidade e o macho é estéril. Exemplo: o burro ou a besta são produtos obtidos do cruzamento de asinino (jumento) com eqüino (égua); zebróide (égua com zebra macho). Em bovinos, tem-se búfalo (bisão americano com taurino) e outros.

PROCRIAÇÃO NATURAL

É a reprodução realizada sem a interferência do homem. Em nosso meio ainda existem criações de gado bovino no sistema extensivo, onde ocorre a procriação natural. Machos vivem ao lado das fêmeas, e a apartação é feita apenas no momento da retirada dos animais a serem vendidos. Todos ficam no mesmo pasto e os filhos que nascem de cruzamentos não controlados deixam de receber os cuidados essenciais: o índice de mortalidade é alto; praticamente só sobrevivem os animais mais fortes e mais adaptados a enfrentar o ambiente onde nasceram. Atualmente, com o progresso em todas as regiões do país, pode-se dizer que, nesse sistema de criação, os touros já são animais de sangue puro, adquiridos dos criadores registrados e não mais filhos das próprias vacas, por serem bonitas, grandes etc., o que originava um plantel cada vez mais fraco, mais mestiço e mais pé-duro.

REPRODUÇÃO CONTROLADA

Nesse tipo de reprodução, ocorre a interferência do homem, que controla os machos e as fêmeas a serem cruzados; os machos são separados das fêmeas na época da desmama e passam a viver em pastos distintos. Existem diferentes formas de se fazer a reprodução controlada; uma delas é por meio da estação de monta, quando todas as fêmeas são cobertas numa mesma estação do ano, para se concentrar os nascimentos numa estação mais favorável à sobrevivência dos filhos. Na estação de monta, em criações pouco mais avançadas, é possível se controlar até mesmo os touros que vão cobrir determinadas fêmeas.

Outra maneira consiste na criação de gado leiteiro, em que as vacas são cobertas durante o ano todo. Nessas criações, o controle é bem desenvolvido, com registro de coberturas onde se fazem anotações de parição, dias de aleitamento, data de cobertura, nomes dos animais, o que facilita a identificação daqueles que apresentam baixa produção ou que são estéreis etc. e, por isso, devem ser descartados.

ÉPOCA DE ACASALAMENTO

Normalmente, quando os animais são bem alimentados, entram em cio o ano todo. Mas, vivendo em ambiente semelhante ao natural, onde pode até mesmo faltar-lhes alimento, apresentam cio numa só época do ano, conhecida como *estação de monta*. A maioria das fêmeas apresenta cio ao mesmo tempo. Os touros são acasalados de acordo com as fêmeas, isto é, animais novos ou pequenos com touros não muito grandes, na proporção de um para cada trinta ou quarenta fêmeas, para não se desgastarem.

No Brasil central, a estação de monta vai de agosto a dezembro, e os nascimentos ocorrem entre maio e setembro, coincidindo com a época de pouca chuva e, conseqüentemente, de pouca lama e barro, muito favorável aos bezerros, que, assim, estarão menos sujeitos a contaminação e doenças.

Além disso, nessa época os bezerros não sentem a falta de pasto, pois estão mamando; a desmama ocorre a partir de dezembro e se estende até abril, coincidindo com a época dos pastos verdes, favorável à continuação do crescimento dos animais.

ACASALAMENTO CONTROLADO

É a determinação da época em que uma fêmea deve ser acasalada e da formação do casal.

Sabemos que, após o parto, as fêmeas têm o período chamado de *involução do útero,* isto é, o período em que o útero volta ao tamanho normal e que, em geral, se estende por sessenta dias; depois disso, elas voltam a entrar em cio, podendo então ser acasaladas natural ou artificialmente.

O acasalamento controlado é importante, pois a observação constante permite o aproveitamento de todos os cios das fêmeas e possibilita o controle da consangüinidade do rebanho pela escolha dos machos.

Diminuindo-se o intervalo entre partos, consegue-se chegar próximo da média de um bezerro por ano por vaca (a média é um bezerro a cada dois anos). O acasalamento é a base da produção, pois sem bezerros não há produção de leite, carne e aumento de rebanho. A reprodução anual é mais econômica ao produtor, que pode aproveitar melhor a vida útil do animal.

ESCOLHA DE REPRODUTORES

Geralmente, a escolha dos reprodutores é feita pela genealogia ou pelo tipo do animal.

A genealogia é o conhecimento dos pais, enquanto o tipo do animal está representado pela função econômica predominante da espécie: carne, leite, trabalho etc. Geralmente, filhos de bons produtores são bons animais (Figura 1).

Para se ter certeza quanto às possibilidades de um animal como transmissor, deve-se verificar o teste de progênie, isto é, a qualidade da cria que ele está produzindo; quando isso não é possível ainda (por exemplo, em animal novo), deve ser baseada no tipo e na genealogia, que, mesmo imperfeita, oferece um método prático e razoavelmente satisfatório para a escolha do casal; além disso, deve-se observar as condições físicas e de saúde do animal.

AQUISIÇÃO DE REPRODUTORES OU DE SÊMEN

Sempre que se comprar um reprodutor, deve-se ter alguns cuidados, a saber:

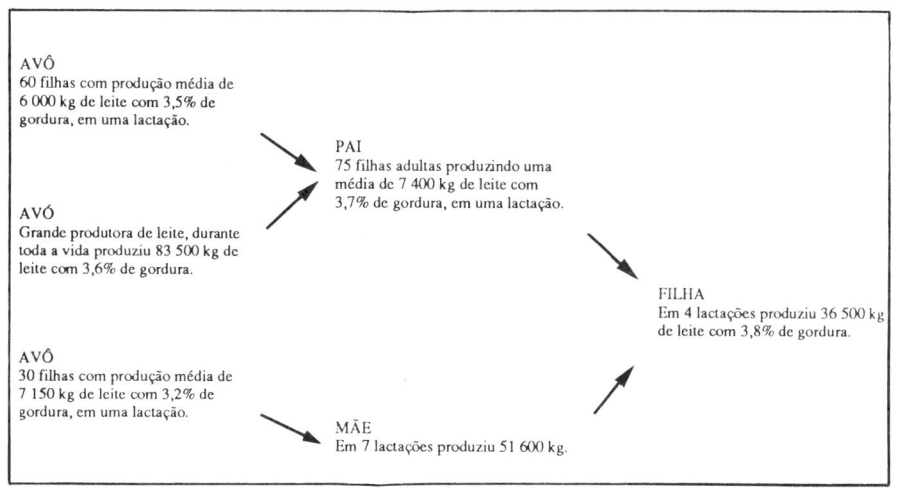

Figura 1 — *Árvore genealógica de uma produtora leiteira*

1) Comprar somente sêmen ou animais filhos de pais *positivos*, comprovado por testes de progênie idôneo, para se evitar prejuízo com vacas que apresentem partos muito espaçados, que gerem filhos de baixa qualidade ou filhas de pequena produção leiteira. Não acreditar somente nos argumentos do vendedor, mas comprovar as qualidades por meio de escrituração sobre a produção dos parentes mais próximos como pai, mãe ou filhos existentes.

2) Evitar a consangüinidade no rebanho, devendo-se trocar o reprodutor quando suas filhas chegarem à fase reprodutiva.

3) Ao trocar os reprodutores, deve-se melhorar a qualidade genética do rebanho, bem como a eficiência reprodutiva.

4) Não visar apenas o valor financeiro do animal, mas, dentro da finalidade desejada, escolher aquele de raça definida em função da qualidade ou tendência racial do rebanho.

5) Efetuar um exame no animal escolhido, observando-se os seguintes fatores:

a) *Condição do animal:* verificar o aspecto externo (fenótipo), altura, peso, conformação e aparência corporal atual (magro, fraco) e a idade, se for para uso imediato. Todos os aspectos devem estar dentro do padrão da raça.

b) *Coordenação motora:* tocar o animal para que caminhe em piso plano, grama ou cimento, verificando se não possui defeitos no aprumo, se o andar é cambaleante, se tem manqueira ou qualquer defeito nos cascos e articulações que possam impedir ou dificultar a monta nas fêmeas.

c) *Comportamento sexual:* observar, a pouca distância, o procedimento do reprodutor colocado junto a fêmeas em cio quanto a:

— desejo sexual: prova de libido; se ele for efetuar cobertura, verificar o tempo que demora para se excitar e dar o salto (deve ser imediato ou demorar até 20 minutos no máximo).

— frigidez ou falta de desejo sexual: pode ser motivado por cansaço ou esgotamento por excesso de fêmeas, manejo incorreto ou doenças;

— exposição do pênis: a ereção fica comprometida quando há aderência, obstrução ou qualquer processo doloroso local (abscessos, verruga);

— introdução do pênis na vagina: logo após a monta, ele deve efetuar a introdução normalmente; se não conseguir, pode haver fratura, paralisia ou abscessos internos que não permitem a penetração e a ereção normal.

d) *Informações a serem obtidas com o encarregado, ordenhador ou inseminador sobre o reprodutor:*

— Já possui filhas no rebanho? Quantas? (prova que não é estéril).

— As vacas que ele cobre repetem muito o cio? (Repetição escassa: problema das vacas; repetição excessiva: problema do touro.)

— Suas filhas têm problemas de falta de cio? Caso afirmativo, pode ser problema hereditário de fertilidade (hipoplasia ovariana).

— As vacas por ele cobertas já abortaram alguma vez? Voltaram a apresentar cio depois de trinta dias? (Se a resposta for positiva, o touro pode estar transmitindo doenças infecciosas.)

Observações complementares

Os órgãos mais importantes do reprodutor são os genitais, devendo-se observar:

1) *O prepúcio ou bainha do pênis:* muito baixo ou com pus junto aos pêlos indica infecção interna (acrobustite - umbigueira). Não se deve adquirir animais com essas condições, pois o tratamento é muito demorado.

2) *A bolsa escrotal:* a pele não deve estar avermelhada, nem apresentar ferimentos ou queimaduras (sinal de inflamação ou abscessos); verificar se a bolsa contém os testículos (observação visual).

3) *Os testículos:* são os produtores dos espermatozóides. Podem apresentar pouca ou nenhuma variação de tamanho, porém devem ser

sempre iguais. Diferenças marcantes de tamanho são indícios de anormalidade; o reprodutor não está apto a desempenhar suas funções. Um dos testículos pode estar ligeiramente mais elevado, porém deve ser insensível a um leve aperto; ambos devem estar dentro da bolsa escrotal.

4) *A mobilidade dos testículos:* são móveis, sobem e descem dentro da bolsa escrotal, de acordo com a temperatura; quando há aderência ou estão inflamados não produzem espermatozóides (não se movimentam).

5) *A consistência dos testículos:* devem ser firmes; quando estão duros, apresentam calcificação, fibrose, atrofia etc. e, quando estão moles, flácidos, estão em degeneração testicular, o que torna o animal inviável como reprodutor.

6) *A qualidade do sêmen:* somente pode ser detectada por meio de vários exames de espermograma, para se determinar a eficiência reprodutiva do animal. A qualidade é avaliada com base nos espermatozóides.

7) *As doenças infectocontagiosas:* quando necessário, fazer pesquisa e testes para detectar as eventuais patogenias (doenças).

Desse modo, vemos que não é muito fácil adquirir um bom reprodutor, pois, além de alta genética, ele precisa ter sanidade e provar sua eficiência reprodutiva (e os animais demoram anos para adquirir todas essas características).

Portanto, a inseminação artificial só será um eficiente instrumento para a produção de uma descendência sadia e de alta reprodutividade se a matéria-prima desse processo consistir em sêmen de reprodutores comprovadamente *positivos — eficientes em produção e isentos de doenças.*

NOÇÕES GERAIS SOBRE SÊMEN BOVINO: FINALIDADE RECENTE

A inseminação artificial propicia uma seleção rigorosa do sêmen animal para, em pouco tempo (três anos e meio), obter-se o resultado da seleção pela produção de suas filhas em primeira cria.

Se o touro foi capaz de transmitir aos descendentes as qualidades desejadas para aquela raça, ele permanecerá como reprodutor, continuando a produzir sêmen; caso contrário, será descartado. Durante o período de controle, isto é, durante três anos e meio, deverão ser estocadas

30 mil a 40 mil doses de sêmen, que poderão ser eliminadas se as qualidades não preencherem as exigências mínimas.

Se as exigências mínimas forem preenchidas, o criador poderá ter um rebanho de alta qualidade genética e com maior resistência física.

COLETA DO SÊMEN

Existem quatro métodos para se coletar sêmen:

1) Coleta do sêmen diretamente na vagina após a cobertura; trata-se de um método já ultrapassado, mas foi o precursor dos processos atuais.

2) Massagem pelo reto, excitando as glândulas internas, feita com as mãos; é pouco usado, muito trabalhoso, empregado apenas em touros velhos.

3) Pela eletroejaculação, que é a excitação das glândulas internas realizada com o auxílio de um aparelho chamado *eletroejaculador* movido a pilha, que dá choques de 100 a 800 mil ampères com estímulos de 3 em 3 segundos, transmitidos a um bastão de ebonite ou borracha maciça de 6 cm de diâmetro e de 35 a 40 cm de comprimento, ligado por um fio a uma caixa de bateria com chave reguladora de intensidade de corrente, chamada *comando*. É usado para extração de sêmen de animais das raças indianas, que normalmente não ejaculam subindo em manequins. Logo após a contenção do touro num tronco, aproxima-se a vagina artificial, já preparada para receber o sêmen; introduz-se o bastão, já untado de vaselina pela extremidade livre e polida, no ânus do animal; a seguir, liga-se a corrente que irá atuar nas glândulas seminais provocando espasmos ou excitação; quando o animal começar a fazer os movimentos para efetuar o coito, coloca-se na frente do pênis a vagina artificial que, já estando aquecida e lubrificada, faz o touro completar a cópula, ejaculando normalmente num período de 10 a 15 minutos.

Esse processo é também usado em animais muito gordos, estropiados (com lesões no pé, por exemplo), ou muito idosos, que não conseguem efetuar o salto para o coito.

4) Emprego do manequim: este método também utiliza a vagina artificial para coleta do sêmen do animal que irá subir ou num animal artificial (manequim), ou num animal real, protegido e completamente imobilizado por cordas na argola do focinho e nos chifres e, lateralmente, por barras de madeira ou canos. Este método é o mais usado para a extração de sêmen de animais das raças européias e americanas;

a freqüência da coleta é normalmente duas vezes por semana, de acordo com as características do touro.

Vagina artificial é um aparelho manual portátil, que consiste num tubo de borracha ou ebonite, semi-endurecido (usa-se mangueira de água de caminhão de 10 a 12 cm de diâmetro e 50 cm de comprimento), dotado de um pequeno orifício lateral, vedado por uma tampa de metal rosqueada. Esse tubo é atravessado por um outro tubo de espessura bem fina, feito de borracha ou plástico, de maior diâmetro, para formar rugas, e cerca de 10 cm mais comprido de cada lado, para ser virado por fora, de forma a vedar as extremidades do tubo externo. No interior de uma das extremidades desse tubo, passa-se vaselina ou glicerina líquida, com o auxílio de um bastão de vidro, e, na outra extremidade, coloca-se um cone de plástico ou borracha, no qual está preso um pequeno tubo de ensaio de 15 cm de comprimento por 1 a 1,5 cm de diâmetro, esterilizado e envolto num saquinho de pano preto para proteção dos espermatozóides contra a luz e o calor. Esta operação, a última de toda a preparação, vem precedida da introdução de água quente à temperatura de 40 a 43°C (acima da temperatura do corpo) pelo orifício externo do tubo, devendo a água ficar entre os dois tubos. Ao se fazer a coleta, deve-se deixar a tampinha lateral para cima.

Deve-se observar muito bem a temperatura da água, pois ela é o fator mais importante para provocar um boa ejaculação, sem prejudicar a sensibilidade nem ferir o pênis do animal.

Esse aparelho deve ser utilizado individualmente; após o uso, recomenda-se lavar muito bem com água e sabão e, a seguir, esterilizá-lo em estufa.

DESEMPENHO DA VAGINA ARTIFICIAL

Após a imobilização do animal ou manequim no tronco, traz-se o reprodutor contido por cordas presas na argola do focinho e nos chifres, seguras uma de cada lado por dois empregados (geralmente, os touros são bravos), que já devem ter efetuado a desinfecção do prepúcio com algodão e soro fisiológico. Aguarda-se, então, que ele dê o salto no manequim. O técnico responsável pela coleta deve permanecer sempre do lado direito do animal, com a vagina artificial na mão direita em ângulo de 45° e com a parte que contém o tubo de ensaio inclinada para fora. Logo que o animal efetuar o salto, o inseminador ou técnico coloca com destreza a vagina artificial na frente do pênis que está tentando a penetração; por estar aquecida, a vagina facilita ao animal completar o coito com os movimentos, ejaculando normalmente.

Enquanto o animal desce e é levado para a cocheira, o técnico despeja o sêmen no tubo de ensaio, desligando-o em seguida do tubo (cone) e imediatamente encaminhando a coleta para exame no laboratório.

EXAME DO SÊMEN

O sêmen coletado é devidamente examinado, sendo a primeira leitura feita a olho nu (exame macroscópico); em seguida, retira-se uma gota, que deverá ser colocada numa lâmina e examinada ao microscópio (exame microscópico).

No primeiro exame, observam-se a cor, o volume, o cheiro, o pH, o aspecto etc.

No segundo, o total de espermatozóides existentes (*volume*), porcentagem de vivos e mortos; intensidade de espermatozóides (*densidade*): muito denso — denso — semidenso — ralo; rapidez dos movimentos (*motilidade*), que podem ser: ativo — médio — lento; ausência, *azoospermia; oligospermia,* quando são muito fracos, defeituosos; *aspermia,* quando não há ejaculação; *hemospermia,* presença de sangue; *necrospermia,* estão mortos mas existem.

A boa motilidade da massa de espermatozóides demonstra e assegura melhor fertilidade, possibilitando a diluição sem prejuízo do sêmen. O animal deve estar com a atividade sexual regularizada e o exame deve ser feito em duas amostras de sêmen coletadas de montas sucessivas no espaço de 10 a 30 minutos.

DILUENTES E CONSERVADORES DE SÊMEN

Após a coleta e o exame, o sêmen é preparado para ser embalado e congelado. Devido à dificuldade de se conseguir grande número de vacas em cio ao mesmo tempo e também para facilitar a comercialização, deve-se armazenar o sêmen, adicionando-lhe líquidos conservantes, compostos de elementos nutritivos, que irão sustentar os espermatozóides e aumentar-lhes também o volume, permitindo assim sua utilização para fecundar muitos animais.

SOLUÇÃO — HISTÓRICO

Origem — Foram experimentados vários sistemas, como o uso de ácido carbônico e o sêmen diluído em álcool à temperatura de até -79°C; esse elemento, porém, formava cristais e causava prejuízo às células vivas, além da margem de sobrevivência ser pequena; a seguir, por descuido, na hora de se realizar a mistura, em vez de álcool foi usada glicerina líquida, obtendo-se, porém, melhores resultados; no entanto, essas experiências foram interrompidas pela eclosão da guerra. Anos mais tarde, em experiências com máquinas de congelamento a gás, extraíram-se da atmosfera, pela liquefação do ar, o nitrogênio e o oxigênio, obtendo-se temperaturas muito baixas, como a do nitrogênio líquido (-196°C) ou a do hélio líquido (-269°C). A partir de 1958, os estudiosos passaram a usar o nitrogênio líquido nos processos de congelamento, obtendo a temperatura estável de -196°C; normalmente, usa-se uma mistura de água destilada, nitrato de sódio, gema de ovo fresco, glicerina líquida, antibióticos, açúcar, com o pH de 6,6 a 7,0. A diluição é feita logo após a leitura e classificação, na proporção que poderá ir até quinhentas vezes (em média cem vezes), contendo no mínimo 25 milhões de espermatozóides por centímetro cúbico, para se ter a fertilidade garantida. O diluente deve estar sempre em banho-maria à temperatura de 37°C e deve-se obrigatoriamente colocar o diluente no sêmen, fazendo-o escorrer pelas paredes do tubo e *não o contrário,* ou seja, nunca se deve colocar o sêmen no diluente. Tudo isso deve ser feito em laboratório fechado a 28°C; a seguir, essa mistura é resfriada até 5°C, onde permanece durante quatro horas para permitir a ação dos antibióticos.

TIPOS DE EMBALAGEM

O sêmen está pronto para ser embalado e congelado. Existem atualmente quatro formas de embalagem: ampola, palheta média, mini-palheta e minitubo (*paillets* - sêmen em pastilhas - estão fora de uso).

Ampolas: são feitas de vidro neutro ou de plástico, fechadas a fogo, com capacidade de 0,5 a 1,5 cm^3, devendo ser usadas uma só vez, num único animal; os dados do touro vêm impressos na própria ampola (número da partida, número da coleta, raça, nome do animal etc.). São aplicadas com o auxílio de pipeta e bulbos plásticos ou seringa pequena.

Palhetas: são canudinhos de plástico semelhantes a uma carga de caneta esferográfica, com 2 mm de diâmetro, de 12 a 15 cm de comprimento e capacidade de 0,5 cm^3, tamponados com algodão prensado e esterilizado, contendo os dados do touro impressos e coloridas de acordo com a raça (Holandesa P/B — verde; Nelore — creme); sua aplicação é feita com sonda metálica (aplicador) protegida por uma bainha ou tubo plástico. É o melhor método, quase imune à contaminação, porque o sêmen é introduzido diretamente no útero da vaca. Existem ainda a minipalheta, com capacidade de 0,25 cm^3, e o minitubo, com capacidade de 0,3 cm^3, mas necessitam de aplicador com bainha de uso individual.

Em todo o mundo, adota-se o sistema de armazenamento congelado, por ser o mais econômico e prático para transporte, não causando nenhum perigo à vitalidade dos espermatozóides. Depois de embalado, o sêmen é resfriado na base de 0,5°C por minuto, durante seis horas, até alcançar -5°C. A seguir, juntamente com os porta-ampolas (*racks*), é colocado nos *canisters*, que já estão dentro dos botijões a baixa temperatura (-196°C), onde o sêmen fica protegido contra qualquer espécie de deteriorização, mantendo a fertilidade indefinidamente.

O sêmen passa do estado líquido para o sólido e, na hora de ser usado, volta ao estado líquido, não podendo ser novamente congelado.

PREPARO DO SÊMEN PARA USO

Coloca-se água quente (à temperatura de 35 a 37°C, confirmados por termômetro) numa vasilha pequena tipo garrafa térmica; em seguida, destampa-se o botijão e, elevando rapidamente, o mínimo possível, o *canister* (evitar que saia do gargalo), retira-se da haste a ampola desejada, colocando-a rapidamente dentro da água morna e tampando o botijão. Essa operação deve durar no máximo um minuto. A seguir, leva-se a vasilha até os animais em cio, que já devem estar contidos.

Enquanto se aguarda o descongelamento, prepara-se a pipeta ou o aplicador (retirando apenas a ponta da pipeta ou bainha através de uma pequena abertura do saco plástico), coloca-se numa das extremidades o bulbo plástico ou seringa de 5 cm^3; retira-se a ampola, que já deve estar descongelada, envolvendo-a num papel ou pano escuro, e enxugando-a; em seguida, abre-se a ampola com o auxílio do abridor de ampolas. Mantendo-se a ampola em pé, retira-se do invólucro toda a pipeta, segurando-a pelo bulbo, e introduz-se lentamente a ponta livre dentro da ampola, mantendo o bulbo apertado e virado para baixo. Lentamente, alivie a pressão sobre ele para que aspire o líquido; se por acaso a aspiração se interromper, deve-se fazer o líquido voltar até encontrar o que está na ampola, voltando a aspirar novamente até a ampola ficar vazia.

Toda essa operação deve ser realizada num local protegido contra o sol direto e o vento, e não se deve deixar a pipeta ou o aplicador entrar em contato com sujeira ou poeira. Em geral, prende-se a pipeta ou aplicador entre os dentes (na extremidade perto do êmbolo ou bulbo), enquanto, com o braço esquerdo enluvado, efetua-se a introdução no reto da vaca, procurando-se a cérvix para segurá-la. *Atenção*: muito cuidado nesta hora com a cauda da vaca, que poderá arremessar a pipeta longe.

A fertilidade dos espermatozóides diminui cerca de 3% entre o degelo, o tempo de transferência para a pipeta e a introdução no útero; para amenizar esse prejuízo, atualmente se usa palheta média e minitubo (minipalheta), cuja perda está na ordem de apenas 1%, além de aumentar a capacidade dos botijões. O sêmen em palhetas é mais sensível às temperaturas, por isso deve ser descongelado por cinqüenta segundos em água controlada a 35/37°C.

Se se usar palheta, após secá-la deve-se efetuar, com o auxílio de uma tesoura limpa, um corte perpendicular na ponta colorida ou na ponta do prego da palheta, a uma distância de 1 cm da extremidade, puxar o êmbolo uns 15 cm para trás e colocá-lo dentro do aplicador, até um determinado ponto; a seguir, efetuar a colocação da bainha, retirando-a do saquinho plástico.

Recomendações importantes

1) Nunca levante o *canister* (porta-ampola) de forma a ultrapassar a altura do gargalo, e não o deixe nessa posição durante mais de um minuto sempre que abrir o botijão.

2) Nunca retire a ampola da água morna antes de ela estar completamente descongelada (o descongelamento demora cinco minutos) ou remova com as unhas a crosta de gelo que se forma em torno da ampola, sem tirá-la da água.

3) Nunca agite ou sacuda a ampola depois de tirá-la da água com o intuito de agilizar o descongelamento, pois esse movimento pode destruir muitos espermatozóides.

4) Nunca exponha a ampola diretamente à luz solar, pois os espermatozóides morrem em contato com a claridade, principalmente dos

raios ultravioleta; trabalhe sempre na sombra (e, se preferir, cubra-a com folha de jornal dobrada).

5) Enxugue a ampola depois de tirá-la da água, pois a água fria também mata os espermatozóides.

6) Para abrir a ampola depois de riscada com o diamante, envolva-a num pano preto ou papel higiênico, pois é comum ela estourar na mão e ferir os dedos.

7) Abra sempre a ampola na posição vertical e retire todo o sêmen, pois o líquido que restar na ampola perderá todas as suas propriedades.

8) O sêmen tem vida útil de uma hora; após esse período, ele começa a perder a vitalidade e a capacidade de fertilização.

9) A ampola retirada do botijão e descongelada não poderá voltar ao interior do botijão, pois os espermatozóides morrerão (isso é válido também com referência à palheta e minitubos).

10) Efetue as anotações nas fichas tão logo termine a inseminação. Nunca deixe para depois, porque poderá se esquecer ou errar.

11) A fêmea viciada sempre deverá estar contida com as pernas amarradas e distraída com algum tipo de alimentação, ou contida num tronco se for solteira ou novilha, antes de se preparar a pipeta ou o aparelho aplicador.

12) Todos os movimentos ao redor da vaca devem ser lentos, calmos, evitando-se todo e qualquer mau trato ou atividades fora da rotina.

EXAME GERAL NA VACA

Antes de realizar a inseminação, deve-se consultar a ficha do animal:

a) se a vaca está parida há mais de 45 dias;
b) se os cios foram normais (média de 21 dias);
c) se já não foi inseminada mais de duas vezes.

Exame externo (da vulva)

a) observar se a vulva está inchada, avermelhada e brilhante;
b) efetuar leve massagem na vulva, comprimindo delicadamente o clitóris por duas ou três vezes;
c) verificar se da vulva escorre um muco cristalino (semelhante à clara de ovo), sem estrias de sangue, pus, ou se está embaçado (esbranquiçado);

d) verificar a presença de sangue na vulva, ancas ou cauda, pois é sinal indicativo de que o cio já cessou há três ou quatro dias.

Toda e qualquer anormalidade deve ser anotada na ficha e comunicada ao veterinário. Como, por exemplo, se a vaca não entra em cio.

Exame interno (da vagina ou da cérvix)

Este exame é feito com o auxílio do *espéculo,* sempre previamente esterilizado, e o inseminador poderá fazê-lo antes da inseminação real para verificar em que condições se encontra a cérvix e o aparelho reprodutor em geral. Colocando o espéculo lubrificado com vaselina ou glicerina na cavidade vaginal e acendendo-se a lâmpada existente na parte frontal do aparelho, pode-se ter uma visão perfeita das paredes da vagina, da entrada da cérvix, de sua cor e abertura; além disso, essa observação permitirá verificar se a abertura oferece passagem para a pipeta ou aplicador. De acordo com a técnica, inicialmente deve-se colocar o cano do espéculo, esperar a reação do animal e, em seguida, introduzir o restante do aparelho; o passo seguinte consiste em acender a lâmpada e olhar através do aparelho, evitando aproximar demasiadamente a cabeça ou o olho do cano, pois através desse canal o animal poderá expelir muco, placa de sangue ou pus, atingindo o inseminador; além disso, um certo distanciamento também poderá evitar algum acidente se o animal, por qualquer motivo, se assustar.

Na vaca em cio, a cérvix está intumescida, macia e automaticamente lubrificada, o que facilita a passagem da pipeta ou do aplicador; ela, porém, pode se apresentar em várias posições e dimensões.

Posições da cérvix

A cérvix geralmente está situada no mesmo nível da coluna vertebral, às vezes voltada para cima (mais comum): essas posições não são consideradas anormais. Nas vacas muito velhas ou acometidas de doenças uterinas, ela poderá estar deslocada para a frente ou para trás da cavidade pélvica, ou ainda dentro da cavidade abdominal (caída), em virtude do relaxamento dos ligamentos; a pança ou a bexiga cheias também tendem a deslocar a cérvix para o lado direito (Figuras 2 e 3).

No ato da inseminação, pode-se segurar a cérvix, puxando-a para mais perto da entrada, o que facilitará a introdução da pipeta. As vacas costumam puxar a cérvix para o meio da barriga (frente), bem como apertar o braço do inseminador com a contração dos músculos do reto, imitando um anel apertado; nesse momento, deve-se pedir a um auxiliar

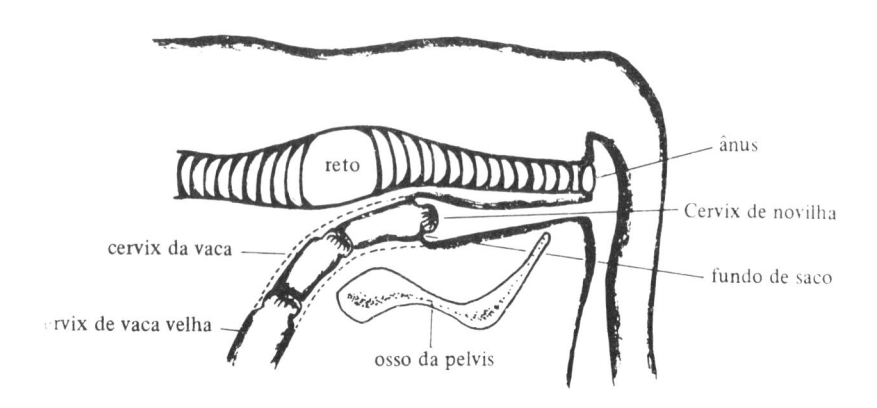

Figura 2 — *Posição variada da cérvix nas vacas*

Figura 3 — *Tipos de colos uterinos (cérvix) das vacas*

que faça uma leve pressão no meio da espinha para que a vaca, que está arqueada, se relaxe, afrouxe a contração e facilite o trabalho.

Pode-se encontrar resistência ao puxar a cérvix para uma posição mais próxima da entrada. Isso certamente será um indício de que o útero está inchado, cheio de pus (pastoso), revelando alguma doença (tricomoníase, endometrite, metrite etc.), ou, o que é mais comum, indicando que deverá estar prenhe.

O tamanho da cérvix varia entre as raças, idade e número de partos passados (dilatações); todo parto difícil tende a dilatar a cérvix, tornando-a volumosa após o término do parto; nas primíparas (novilhas), ela pode ter a dimensão de um polegar de pessoa adulta com apenas duas a quatro pregas.

A apresentação de cio não significa que a vaca esteja saudável; vacas doentes apresentam *cios falsos,* motivados por doenças internas.

Cérvix dolorida é um sintoma de doenças e, na prática, isso pode ser comprovado ao se apertar a cérvix: a vaca fica arqueada e produz fortes contrações retais. Geralmente, são colos muito grossos, que dificultam a manipulação, pois possuem anéis dilatados, desencontrados, tortos. Vacas com esse tipo de problema devem ser eliminadas do rebanho, pois atrasam o processo de inseminação e tornam difícil o parto, que certamente será distócico (difícil).

Para substituir o touro, com sucesso, o inseminador deve trabalhar sempre com delicadeza, firmeza e atenção redobrada no campo da higiene.

A passagem da pipeta através da cérvix deve ser realizada em cerca de três minutos, por um inseminador experiente, e, desde que naturalmente não haja complicações (cérvix torta, obstruída, interrompida, com desvios etc.).

Quando a cérvix resistir à introdução da pipeta, o inseminador não precisa perturbar-se, nem forçar a penetração, pois poderá danificar as paredes da cérvix e, se houver hemorragia, prejudicar os espermatozóides; nesses casos, que são muito raros (5% das vacas e 10% das novilhas), o inseminador poderá introduzir a pipeta até onde a cérvix permitir, e aí depositar o sêmen, pois os espermatozóides certamente encontrarão o caminho até o útero.

As vacas de segunda cria ou mais que depois de duas tentativas de inseminação não ficarem inseminadas ou tiverem a cérvix difícil devem ser eliminadas do rebanho de animais selecionados para inseminação, pois sempre causarão problema ao inseminador.

Todas as vezes em que o inseminador desconfiar que a vaca possa estar prenhe, portanto apresentando *cio falso,* não deve ultrapassar a cérvix com a pipeta para não provocar aborto e morte do bezerro; nesse caso, também deverá depositar o sêmen no meio da cérvix, ou antes, e anotar na ficha, ficando em observação, pois poderá ocorrer um aborto.

Em condições normais, o inseminador não deve ultrapassar a cérvix mais de 1 cm, constatado pelo dedo indicador da mão esquerda que a segura, evitando assim ferir ou perfurar o útero, provocando esterilidade na vaca.

Nunca se deve usar pipeta pontiaguda para facilitar a abertura da cérvix *e jamais* tentar introduzi-la pelos cornos uterinos.

MÉTODOS DE INSEMINAÇÃO

Existem diversos métodos conhecidos, embora alguns já estejam fora de uso:

Vaginal: consiste na deposição do sêmen no interior da cavidade vaginal de acordo com as possibilidades (método ultrapassado).

Cervical superficial: consiste na deposição do sêmen no fundo da vagina ou nos primeiros anéis da cérvix, sem ultrapassá-la; é semelhante à monta natural efetuada pelo touro que irriga a entrada da cérvix. Esse método é usado quando não se consegue outro modo de ultrapassar a cérvix, podendo não fecundar e necessitar de repetição.

Cervical profundo ou intra-uterina: consiste na deposição do sêmen diretamente dentro do corpo do útero, tendo, portanto, ultrapassado a cérvix com o auxílio de pipeta ou aplicador. Essa técnica é atualmente a mais usada por apresentar um índice de fecundação maior que o das outras (menos repetição).

Intraperitonial: consiste na deposição do sêmen diretamente no ovário (método usado em aves).

Prática

Enquanto o inseminador não tem prática suficiente ou pretende usar um sêmen de maior valor, deverá, após os exames iniciais, cerca de duas horas antes da inseminação, fazer uma lavagem intra-uterina na vaca, usando uma solução de *bicarbonato de sódio a 5%* (300 cm^3 de água fervida e deixada amornar ou água destilada e uma colher de sopa de bicarbonato) para neutralizar a acidez, se houver; esse procedimento servirá também para o inseminador conhecer o estado da cérvix e saber como efetuará a inseminação depois (com sêmen de menor valor), pois, como já vimos, o sêmen não poderá ser novamente congelado; se preferir, poderá soltar a vaca com um touro para cobertura natural.

As paredes do reto são membranas delicadas, que, em estado de relaxamento, permitem a introdução do braço, facilitando apanhar a cérvix que se encontra logo abaixo; os movimentos devem ser suaves, delicados (entrada e saída), para não irritar nem romper vasos sangüíneos (e provocar pequena hemorragia), deixando ainda o animal descontraído.

Técnica do método cervical profundo ou intra-uterina

O animal deve estar contido num tronco a que já esteja habituado ou no próprio estábulo leiteiro; neste caso, deve-se amarrar-lhe as pernas, passando em seguida outra corda das pernas traseiras já amarradas até a parte de cima da perna dianteira da direita, para evitar coice. Limpa-se a vulva e o ânus com um pedaço de papel higiênico; a seguir, faz-se uma pequena massagem no clitóris para excitá-la, aparando com a mão o muco (fluido), que deverá ser expelido normalmente. Examinado, o muco deve estar cristalino (semelhante à clara de ovo). Enquanto se aguarda o descongelamento, coloca-se a palheta ou o tubo dentro do aplicador, cortando-se com uma tesourinha a ponta colorida ou a ponta prego da palheta a uma distância de 1 cm, empurrando-a até a outra extremidade do aplicador, e, se for ampola, efetuando-se a aspiração na pipeta: em ambos os sistemas, o aparelho aplicador deve ficar preso entre os dentes e todas as operações feitas à sombra.

Coloca-se a luva de cano curto, normalmente no braço esquerdo (pode ser também no direito), procurando umedecê-la com água, o próprio muco, vaselina ou mesmo Furacin líquido, para lubrificá-la; a seguir, pega-se o rabo da vaca com a mão livre, vira-se de modo que ele fique para cima, enquanto, com a mão enluvada, fazendo-se uma espécie de concha com os dedos, vai-se introduzindo o braço enluvado no reto do animal, exercendo uma pressão com o braço no sentido da borda lateral do lado direito do ânus, facilitando a saída de gases e fezes pela borda do lado esquerdo. Desse modo o inseminador evita ser atingido pelos dejetos (se necessário, ele deve remover as fezes). Se, nesse momento, o animal efetuar contração anal ficando com o corpo contraído (arcado), para dificultar a introdução do braço, deve-se pedir ao auxiliar que faça uma pressão com os dedos no meio da espinha dorsal para que a vaca se descontraia e pare de fazer força.

O inseminador deve, com o antebraço, manter a cauda da vaca sempre à esquerda do seu braço esquerdo (Figura 4).

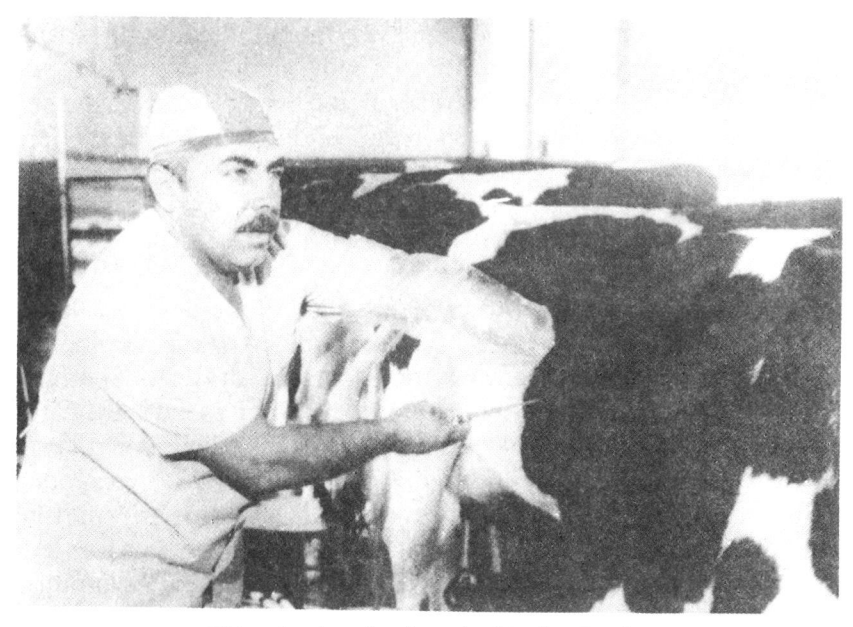

Figura 4 — *Inseminação sendo efetuada pelo autor*

À medida que se vai introduzindo o braço esquerdo, deve-se procurar, com os dedos voltados para baixo, encontrar a cérvix (colo), que deverá estar a uns 20 cm da entrada e logo abaixo; assim que encontrá-la, deve-se segurá-la delicada, porém firmemente. (É importante lembrar mais uma vez que, se a entrada da vulva estiver suja, deve-se limpá-la com um pedaço de papel higiênico — nunca usar desinfetante ou antisséptico.)

A introdução da pipeta ou aplicador deve ser feita sem que toque os lábios externos da vulva, indo diretamente ao seu interior, para evitar contaminação. Para que essa operação seja realizada com sucesso, deve-se fazer nesse momento uma pressão para baixo com o braço enluvado e ao mesmo tempo puxar o braço para trás, o que fará com que a vulva se abra; se houver um auxiliar à mão, essa tarefa poderá ficar a seu encargo. A seguir, introduz-se a pipeta delicadamente no sentido paralelo à espinha, até encontrar a cérvix, que está contida na mão esquerda (evitar abaixar a ponta da pipeta para não penetrar no meato urinário). A entrada da cérvix é protegida por pregas de pele chamada *fundo de saco*, que dificulta a penetração da pipeta; por isso, o inseminador deve conduzir a ponta da pipeta ou aplicador com o dedo mínimo até a entrada da cérvix, que deverá ser distendida para a frente (em direção à cabeça do animal), para desmanchar as pregas vaginais, bem como o fundo do saco vaginal, e fazendo com a cérvix movimentos para cima e para baixo, para a esquerda e para a direita, para a frente e para trás, a fim de facilitar a introdução da pipeta pela abertura, ultrapassando os anéis até sair do outro lado, onde deverá estar o dedo indicador que evitará que a ponta da pipeta saia mais de 1 cm. Nesse momento, efetua-se uma pressão no bulbo, seringa ou êmbolo, que ejetará o sêmen diretamente no início do colo do útero, completando a inseminação (Figuras 5 e 6).

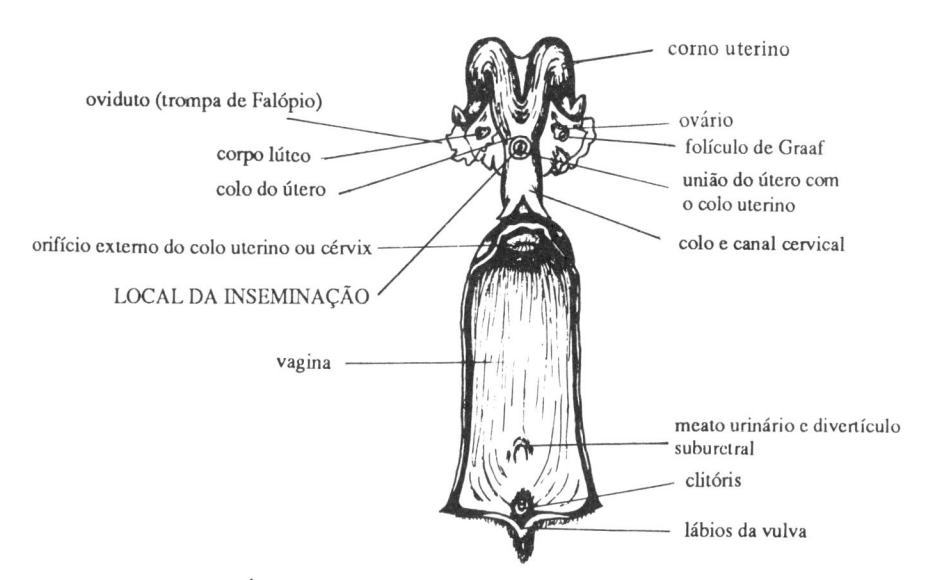

Figura 5 — *Órgãos genitais da vaca e o local certo para a colocação do sêmen*

Ao retirar o aparelho aplicador, deve-se conservá-lo pressionado, para evitar que aspire novamente parte do sêmen. Ao se usar pipeta, não se deve assoprá-la nunca, porque isso poderá provocar acidente na boca.

Terminada a inseminação, retira-se o braço lentamente, descalça-se a luva, quebra-se a pipeta plástica, deixando-a dentro da luva que estará no avesso, jogando-a ao lixo, fora do alcance de crianças; limpa-se os órgãos genitais, se estiverem com fezes ou sangue, fazendo uma pequena

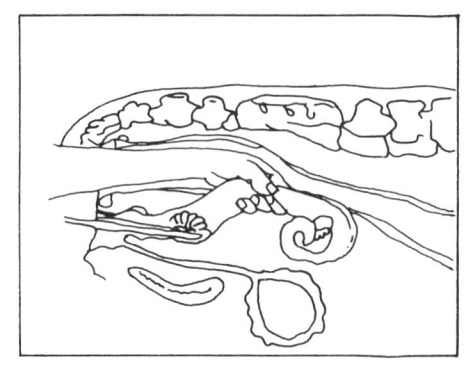

Pipeta sendo desviada para o fundo do saco vaginal.

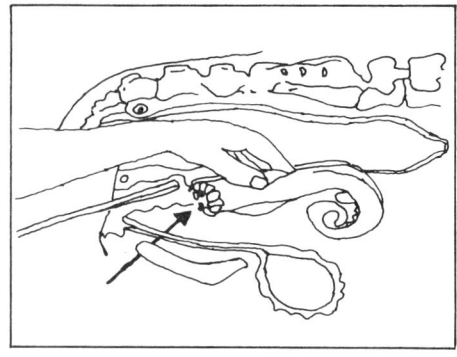

Pipeta tocando em uma prega da vagina, dificultando o seu encaminhamento à cérvix.

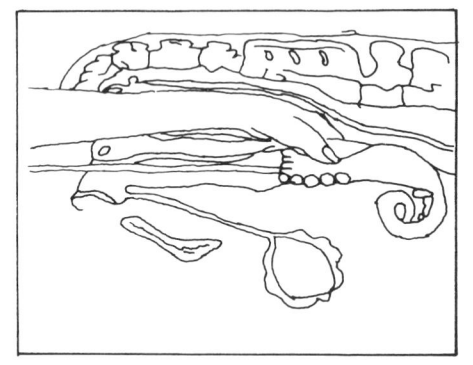

Pipeta corretamente dirigida para a cérvix.

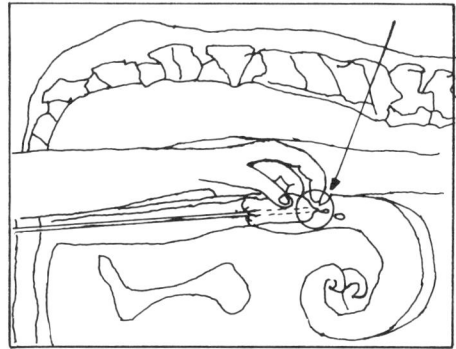

Dedo indicando a ponta da pipeta no devido lugar de deposição do sêmen.

Figura 6 — *Introdução da pipeta*

massagem no clitóris para forçar a subida dos espermatozóides pela excitação. A seguir, solta-se o animal, juntamente com os outros que ficaram presos, sem correrias ou gritos, para não assustá-los. Efetua-se as anotações nas fichas e procede-se à limpeza do aplicador com água corrente, sabão de coco, escova própria para lavar tubos, e finalmente faz-se a esterilização, enrolando cada tubo individualmente em papel toalha, deixando-os no forno ou estufa durante 20 minutos ou efetuando flambagem por 5 minutos.

Jamais se deve usar duas vezes um mesmo tubo sem lavar e esterilizar.

Ao usar luva, bulbo, pipeta de plástico e bainha de plástico no aplicador, lembre-se de que só devem ser usados uma única vez e em um só animal; depois, devem ser jogados fora.

FISIOPATOLOGIA DA REPRODUÇÃO

Transplante de embriões

O transplante de embriões é um método artificial de criação. Extraem-se das fêmeas denominadas *doadoras* os embriões recém-formados para serem posteriormente transferidos para aparelhos reprodutores de outras fêmeas da mesma espécie, denominadas *receptoras* ou incubadeiras, onde são transplantados diretamente no útero para se desenvolverem até o término normal da gestação.

Origem: o primeiro transplante de que se tem notícia foi realizado em coelhos por Heape, em Cambridge, Inglaterra, no ano de 1890: seu êxito foi completo. Em 1949, foi feito em ovinos e caprinos; em 1951, em suínos e, finalmente, em bovinos.

No Brasil, foi iniciado em 1977, tendo o primeiro nascimento ocorrido na Fazenda São Pedro, em Sorocaba, Estado de São Paulo, no ano de 1978.

O estímulo da transferência de embriões, além do melhoramento genético, é a venda de bezerros provenientes de vacas de qualidade superior que, em dez anos, poderiam ter dez descendentes apenas; por esse processo, podem vir a ter cerca de trezentos ou mais.

Fatores para o sucesso dessa técnica

Os principais fatores dessa técnica são:
    1) Seleção das doadoras.
    2) Seleção das receptoras.
    3) Nutrição racional.
    4) Fertilidade do sêmen.
    5) Manejo eficiente.

Neste processo são utilizadas:

Doadoras: deve-se selecionar como doadoras somente vacas de grande potencial genético, com as características comprovadamente positivas para tipo e leite, que estejam em perfeito estado de saúde, tenham o aparelho reprodutivo perfeito e comprovada eficiência produtiva por altos períodos de lactação, bem como eficiência reprodutiva comprovada pelas várias crias perfeitas.

Receptoras: deve-se selecionar como receptoras vacas de trato rústico, podendo ser mestiças ou cruzadas, e mantidas especialmente para esse fim; por isso, precisam ter as seguintes qualidades:
 a) aparelho reprodutivo em perfeitas condições;
 b) perfeita saúde e bom estado de nutrição;
 c) exames sanitários recentes;
 d) serem novilhas de preferência, pois oferecem menor risco de infecção e de desgaste físico.

Por esse processo, as doadoras ficam livres dos nove meses de gestação, enquanto as receptoras, confirmada a prenhez, passam a ter vida normal, em gestação.

Nutrição racional: para se conseguir um bom índice reprodutivo em animais de qualquer espécie e nas várias idades, são necessários níveis nutricionais adequados à faixa etária e à raça.

Por essa razão, verificou-se que o período de maior fertilidade dos animais, tanto machos como fêmeas, corresponde ao período de melhor qualidade e disponibilidade de pastagens ou pela suplementação alimentar que recebem; assim, os cuidados devem ser maiores que os existentes no regime de monta natural, pois visa-se a um regime de estimulação ovariana para a obtenção do máximo de capacitação produtiva da fêmea doadora. Os cientistas dizem que sem alimentação não há reprodução, porque:
 a) ocorre perda de bezerros relacionada ao parto;
 b) poucas vacas entram em cio nas três primeiras semanas da época de monta;
 c) há baixa concepção no primeiro serviço realizado.

Verificamos que a causa maior é a deficiência de nutrientes básicos.

Fertilidade do sêmen: os semens dos reprodutores a serem usados, além do animal ser *provado-positivo,* deverão ter reconhecida capacidade de transmissão de características favoráveis.

É imprescindível que se faça o teste de progênie, ou que se adquira apenas semens de animais que o tenham feito comprovadamente.

A fertilidade do sêmen é primordial para o bom êxito desse programa e, para isso, deve-se adquirir semens de firmas idôneas.

A fertilidade do rebanho também é importante, sendo necessário que os animais estejam saudáveis, bem nutridos e com os órgãos reprodutores em perfeito estado.

Manejo eficiente: o reconhecimento da vaca em cio é fundamental para o sucesso da inseminação artificial, pois o não-processamento da inseminação no momento certo, que corresponde ao terço final do cio, acarretará:
a) atraso de 21 dias (até nova ovulação);
b) perda da dose de sêmen;
c) 21 dias de produção de leite.

Técnica do implante

São dois os processos usados:

1) *Por pequena cirurgia:* O animal recebe anestesia local. Faz-se uma incisão de no máximo 10 cm no flanco do lado do ovário que rompeu o folículo e está com o corpo lúteo funcional encarregado de manter a gestação. Traciona-se o útero e, através de uma seringa especial, deposita-se o embrião (ou meio embrião) na luz do corno uterino, voltando este para sua posição original; a seguir, faz-se as suturas normais de cirurgia. Por esse processo, o aproveitamento é de 80% com prenhez confirmada.

2) *Por processo mecânico:* Este processo não-cirúrgico consiste na introdução do embrião pelas vias genitais, através de uma pipeta (cateter), que atinge o corno uterino do lado do ovário onde estiver o corpo lúteo, aí depositando o embrião no terço médio do corno uterino. Por esse processo, o aproveitamento é menor, cerca de 50% de prenhez confirmada.

Em ambos os processos, as receptoras não alteram de maneira nenhuma o potencial genético contido no embrião, nem se apegam ao bezerro, quando este nascer, pois, após mamarem o colostro, são encaminhados ao bezerreiro, e a receptora volta ao pasto para o descanso, onde, após sessenta a noventa dias, estará apta a receber novo embrião.

Técnica do seccionamento ou divisão de embriões

Consiste em se dividir o embrião em duas partes iguais, que se regeneram isoladamente e formam células completas, geneticamente idênticas; se esses embriões forem conservados, os produtos serão gêmeos univitelinos apesar de poderem nascer de mães, locais, dias e anos diferentes.

Essa técnica permite conservar um embrião congelado, aguardando o nascimento, que, confirmado possuir ótimas qualidades, efetua-se então o implante do outro (metade), caso contrário o embrião não será aproveitado.

O embrião coletado no sétimo dia após a fecundação chama-se *mórula*, tem cerca de 32 células, de 0,2 mm de diâmetro, está envolto numa película chamada *zona pelúcida*, e cada célula possui a capacidade genética de formar completamente um feto normal.

A mórula, ou conjunto de células, será dividida ao meio com o emprego de aparelhos de alta precisão microscópica; metade das células irá continuar envolta na mesma zona pelúcida, enquanto a outra metade é removida para dentro de uma zona pelúcida de um óvulo infértil, ou seja, virgem.

Nesse processo, se não fosse a perda, extremamente alta, poderíamos obter quantidades fantásticas de cada doadora durante sua vida.

A divisão em quatro partes não se mostrou satisfatória, deixando de ser feita até o presente momento.

Técnica de sexagem de embriões

A sexagem de embriões possibilita a obtenção de bezerros machos ou fêmeas de acordo com as necessidades ou a opção do criador. Ainda não se conseguiu a sexagem do sêmen, embora já existam condições de se realizar a sexagem do embrião, apesar de muitas perdas de material e do alto custo. Quando a sexagem de um ou de outro for possível a baixo custo, o fazendeiro terá pouca despesa com o transplante de embriões, enquanto a taxa de ganho genético irá aumentar, ficando ao alcance de todos os pecuaristas.

A técnica de coleta de embriões e sua transferência para receptoras já não oferece maiores problemas, podendo ser executada diretamente nas fazendas, embora ainda tenha um custo relativamente alto.

A difícil técnica do congelamento ou criopreservação em botijões com nitrogênio líquido já é possível atualmente, podendo o embrião ser estocado indefinidamente, o que facilita a comercialização de modo idêntico ao usado para semens bovinos.

ESQUEMA A NÍVEL DE CRIADOR

Os interessados em fazer transplante de embriões devem elaborar um esquema próprio de coleta e transferência de embriões na própria fazenda. Para isso, deve haver um mínimo de condições, tais como:

a) microscópio para avaliação imediata dos embriões após cada coleta;
b) material de laboratório e produtos para assepsia, sondas etc.;
c) botijão para armazenagem de embriões;
d) tronco de contenção para se realizar a coleta e o implante nos animais.

Tecnicamente, o serviço efetuado nas fazendas tem apresentado resultados melhores, pois as vacas receptoras já estão habituadas ao manejo, aos empregados, enfim, à rotina da propriedade, e como elas são responsáveis por 80% do êxito da operação, deve-se procurar fazer que o processo ocorra o mais normalmente possível.

Quanto às doadoras, se forem da própria propriedade, não sofrerão estresse ou ressentimentos por mudanças de manejo, alimentação e local.

A técnica de transplante de embriões é bastante simples, mas requer conhecimentos de fisiologia da reprodução, embriologia, alguns equipamentos e soluções nutritivas, sem as quais o método não alcançará êxito, provocando prejuízo.

COMO EXECUTAR O TRANSPLANTE DE EMBRIÕES

Em primeiro lugar, é necessário que as vacas, tanto doadoras como receptoras, estejam em cio ao mesmo tempo, no mesmo dia, numa situação denominada *sincronização de cio.*

Para se conseguir isso é necessário:

a) que o primeiro cio da doadora seja desprezado para que ela possa ter o segundo cio sincronizado com o das receptoras;

b) verificar, cinco dias após esse cio desprezado, se a vaca está ovulando ou não, por meio de exame do corpo lúteo; se estiver, no 10º/11º dia após o início do cio desprezado deverá ser feita aplicação do hormônio folículo-estimulante (FSH) — um produto ainda importado — para provocar a superovulação na doadora; no 14º dia aplica-se o hormônio prostaglandina (produto comercial Ciosin) na doadora e nas receptoras, devendo aparecer o cio em ambas no 16º dia;

c) que o animal em cio (que dura dezoito horas) seja inseminado por três vezes, usando-se somente sêmen de touros provados, em horários diferentes, com intervalos de oito a dez horas. A alta concentração de espermatozóides viáveis efetuará a fecundação, formando-se os ovos ou *zigotos,* que, após seis a sete dias, estarão flutuando no corno uterino, chamando-se então *embriões;*

d) que no 7º dia após a última inseminação, os embriões, em média de dez — de um total que pode variar de zero a trinta —, sejam removidos por sucessivas lavagens uterinas, efetuadas com sonda especial (cateter), em meio de cultura própria para impedir que esses embriões pereçam (duram quatro dias em condições simples). O tempo total desse processo é de 22/23 dias após o início;

e) que, de posse desse lavado uterino, um técnico em embriologia faça a seleção rigorosa dos embriões coletados, agora chamados *blástula,* e separe os melhores (normais e anormais), dotados de boa viabilidade, transferindo-os ou para o útero das vacas receptoras que estão aguardando (transferência a fresco), ou para os botijões com nitrogênio líquido (embriões congelados), onde ficarão armazenados aguardando algum destino — utilização no futuro ou comercialização interna ou exportação;

f) que, após a lavagem uterina, a doadora se encontre vazia, podendo ser repetido o transplante ou inseminação depois de um intervalo de sessenta dias, pois o uso do hormônio FSH não afeta o metabolismo da vaca doadora, mesmo quando freqüente, isto é, quando usado a cada período de dois a três meses: depois de qualquer uma dessas coletas a vaca está apta a ser novamente inseminada ou a ter uma gestação normal sem apresentar nenhum problema.

É possível a superovulação de *fêmeas imaturas* (bezerras), que consiste em provocar com o hormônio gonadotrófico FSH o aparecimento simultâneo de dezenas de óvulos, os quais, após a fecundação, terão seus embriões transplantados para animais adultos que irão produzir bezerros normais.

Recorre-se a esse procedimento para diminuir o intervalo entre gerações, bem como para se obter *provas precoces de progênie* dessas fêmeas e posterior julgamento;

g) que o veterinário faça um exame ginecológico para verificar o estado do útero e dos ovários das receptoras, para então aplicar o Ciosin, que as fará entrar em cio ao mesmo tempo em que a doadora (use-se um mínimo de quinze vacas receptoras);

h) que, no dia do transplante, o veterinário faça um novo *toque uterino* nas receptoras para diagnosticar qual dos ovários (direito ou esquerdo) se encontra com corpo lúteo, fazendo em seguida uma pequena cirurgia nesse flanco, seguida de uma tração do corno uterino, depositando aí o embrião já descongelado à temperatura ambiente;

i) que as vacas receptoras fiquem em observação e, após cinqüenta dias, seja feito novo *toque uterino* para confirmação de prenhez.

II

Breves Noções de Biologia

Biologia é a ciência que estuda os seres vivos e suas relações.
Fisiologia é a ciência que estuda as funções dos órgãos nos seres vivos, animais e vegetais.
Anatomia é a ciência que estuda a estrutura dos seres vivos.

ANATOMIA DOS ÓRGÃOS DE REPRODUÇÃO DO MACHO BOVINO

Os órgãos genitais dos touros acham-se nas partes externa e interna na bacia (Figura 7). Externamente, temos o escroto, os testículos, os epidídimos e os cordões espermáticos. Internamente, temos as glândulas chamadas *acessórias*: as vesículas seminais, a próstata e a uretra, ambas cobertas pelo músculo uretral, as glândulas bulbo-uretrais de Cowper, o músculo cavernoso, a verga com os seus ligamentos ou músculos retratores e o prepúcio ou bainha.

Escroto (saco) é uma bolsa situada na parte abdominal inferior, entre as pernas, pouco à frente e coberta de pele que abriga em seu interior as glândulas sexuais masculinas chamadas testículos.

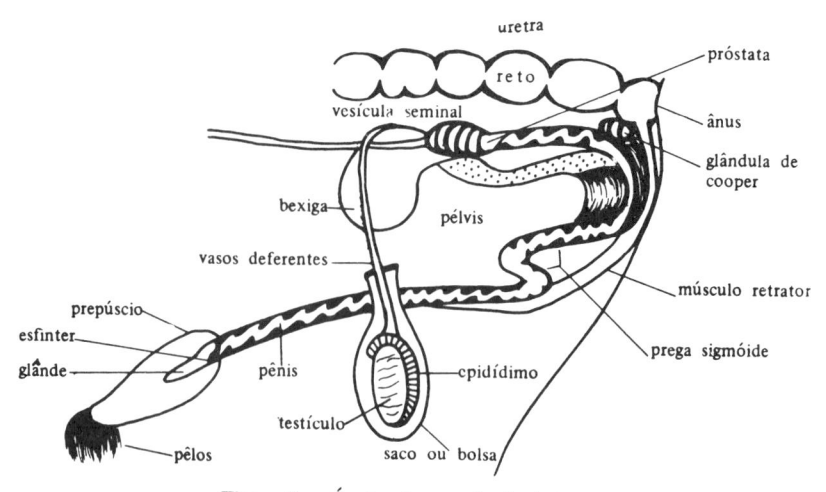

Figura 7 — *Órgãos de reprodução do touro*

Testículos são duas glândulas, de forma oval alargada, pesando de 280 a 350 gramas, compostas de inúmeros vasos sangüíneos e diminutos tubos seminais, onde se forma o líquido chamado *esperma*. É no esperma que se encontram os espermatozóides e os hormônios sexuais masculinos. Os testículos permanecem suspensos no escroto pelos *cordões espermáticos,* que são constituídos de músculos, nervos, vasos sangüíneos e canais deferentes. Possuem a forma ovalada e seu tamanho varia de acordo com a idade; são chamadas *gônadas*.

Epidídimo é um conduto seminal constituído de um tubo espiralado que permanece aderido ao corpo dos testículos, onde os espermatozóides ficam armazenados. Produz secreções que os alimenta. A contração dos músculos do epidídimo produz a ejaculação do esperma no canal deferente, que é sua continuação e por onde passará o esperma (mede vários metros de comprimento).

Vesículas seminais são glândulas que produzem os fluidos que irão sustentar os espermatozóides, passando o líquido a chamar-se *sêmen*.

Próstata é outra glândula que produz secreções para lubrificar e neutralizar a acidez do canal da uretra, onde existe a união com a bexiga. Atua na hora do coito e impede a saída de urina durante a ejaculação.

Glândulas bulbo-uretrais (glândulas de Cowper) são também duas e penetram a uretra pela região pélvica; têm a finalidade de lubrificar e desobstruir o canal uretral antes de ocorrer a ejaculação (produzem o gotejar inicial).

Uretra é o chamado canal uretral, que dá passagem ao sêmen e à urina. Origina-se na bexiga, atravessa toda a verga (pênis) e termina na glande. Possui músculos internos chamados *uretrais,* que atuam durante o coito.

Pênis ou *verga* ou *vara* é o órgão (peça) que, penetrando a vagina da vaca, transporta o sêmen durante o coito ou cópula. É constituído de músculos que se enrijecem pelo afluxo de sangue em seu interior, aumentando de tamanho e diâmetro. No meio do órgão existe uma prega *sigmóide* chamada *flexão,* em forma de "S", que, no momento da excitação sexual, se estica, adquire um tamanho adicional, penetrando a vagina; quando o animal efetua o salto e dá um forte impulso para a frente, ejacula o sêmen no interior da vagina animal ou artificial (se for novilha, há o rompimento do hímen — cabaço). Na parte final, possui uma cabeça em forma de bisel, chamada *glande*, muito sensível, onde existe uma válvula de retenção chamada *esfíncter*. O pênis é protegido por uma prega dupla de pele chamada *prepúcio, capa* ou *bainha* e por pêlos que impedem a entrada de formigas e outros insetos. O prepúcio é o local ideal para o desenvolvimento de germes infecciosos devido ao calor que domina nessa região. Algumas raças possuem o prepúcio muito baixo e oscilante, o que é uma desvantagem, pois pode ser danificado por tocos de capim, paus, bambus e restos de derrubadas. O touro com essa característica não é recomendável como reprodutor.

As glândulas acessórias e o pênis dos animais castrados são pequenos e pouco desenvolvidos, não havendo excitação e tampouco ereção ou ejaculação.

FUNÇÕES FISIOLÓGICAS DA REPRODUÇÃO (TOURO)

A fecundação das vacas é feita pelos espermatozóides, que têm a forma de tubos microscópicos e se dirigem para o centro das glândulas chamadas *testículos*, de onde, através de tubinhos maiores, vão alcançar a cabeça do epidídimo, que envolve os testículos, e aí amadurecem durante sete ou oito semanas. Ao alcançarem a cauda do epidídimo, completam o desenvolvimento e iniciam a subida pelos canais deferentes, onde conservam a energia até o momento da ejaculação. Até aqui não têm movimentos próprios, sendo empurrados pelo movimento de sobe-e-desce dos testículos na bolsa. No momento da ejaculação, as contrações musculares do epidídimo e dos canais deferentes fazem que o esperma se desloque até o interior da uretra no pênis. As glândulas acessórias também fazem contrações nesse momento e, forçando suas secreções a entrarem ao mesmo tempo no canal da uretra, lubrificam e desobstruem, neutralizando a acidez, para proporcionar a passagem do sêmen. Do momento da ejaculação em diante, eles nadam vigorosamente à procura do óvulo, subindo pelos cornos uterinos e pelas trompas, para fecundá-lo. A produção de espermatozóides é contínua, isto é, até a morte dos animais: entretanto, à medida que os animais envelhecem, diminui a produção de espermatozóides, por degenerescência (desaparecimento) de partes do tecido espermatogênico (os tubinhos); portanto, os espermatozóides de animais velhos têm menor capacidade de fecundação.

Sêmen é o líquido produzido pelas glândulas genitais (acessórias) dos machos e serve de veículo, nutrindo, deslocando e protegendo os espermatozóides. É composto de água, proteínas, carboidratos, açúcares (frutose), fosfato, potássio, ácido cítrico, enzimas e outras substâncias hormonais, que servem de alimento; do seu volume, 20% são constituídos de espermatozóides e possuem pH de 6,6 a 7,0. O sêmen possui um odor característico e, na ocasião de usá-lo, para se obter sucesso na *inseminação artificial*, deve-se aproveitar apenas aquele cuja classificação supere 60%. A quantidade, a consistência e a cor indicam a fertilidade do animal. O esperma normal de um touro tem consistência cremosa, a cor levemente amarelada (amarelo forte contém pus e avermelhada contém sangue) e a quantidade varia de animal para animal, mas a média se situa entre 6 e 10 cm^3, com cerca de cinco milhões de espermatozóides vivos por centímetro cúbico. Desses, mais ou menos 80% são fecundos, podendo ser usados em vinte vacas ou mais. A produção do sêmen nos animais jovens é menor, depois estaciona nos adultos e novamente diminui na velhice. A ejaculação do segundo salto é sempre maior, mais fértil e não contém espermatozóides muito velhos (pouco uso do touro, ou sêmen resfriado) e a produção do esperma dos animais das raças leiteiras é maior que a das raças de corte.

Espermatozóides são células sexuais, chamadas *gametas,* do tipo XX e XY e, penetrando o núcleo dos óvulos das fêmeas, deverão fecundá-los.

Como se vê na Figura 8, os espermatozóides compõem-se de três partes principais: cabeça (acrossomo), núcleo (centrossomo) e cauda (cola, rabicho), órgão propulsor que produz os movimentos e desaparece no momento em que os espermatozóides penetram o óvulo. Eles vivem no máximo 24 horas no aparelho reprodutor das fêmeas, têm 8 mm de comprimento, caudas pretas, que devem ser paralelas e retas, nunca encolhidas ou curvas. A produção normal de espermatozóides nos testículos do animal à solta é de vinte a quarenta bilhões por semana, podendo alcançar em regime de inseminação (coleta) até setenta bilhões. Ejaculações excessivas não prejudicam a fertilidade dos espermatozóides e dos touros, apenas os deixam muito lerdos e os fazem engordar; por isso, devem cobrir duas a quatro vacas por semana e não mais. O descanso sexual por mais de uma semana não aumenta a quantidade de espermatozóides, e qualificamos como resistência a capacidade dos espermatozóides de resistirem aos meios externos (fora do corpo). A eficiência do sêmen varia de 70 a 80%, enquanto o restante é constituído de espermatozóides muito jovens ou muito velhos, mortos ou defeituosos, com cabeça achatada, grande ou pequena, rabicho anelado, estrangulado ou torto, muito grosso, fino ou curto — estes têm dificuldade de movimentação.

Tipos de estrutura de espermatozóides

Espermatozóides com gotinhas de lipoproteína no corpo

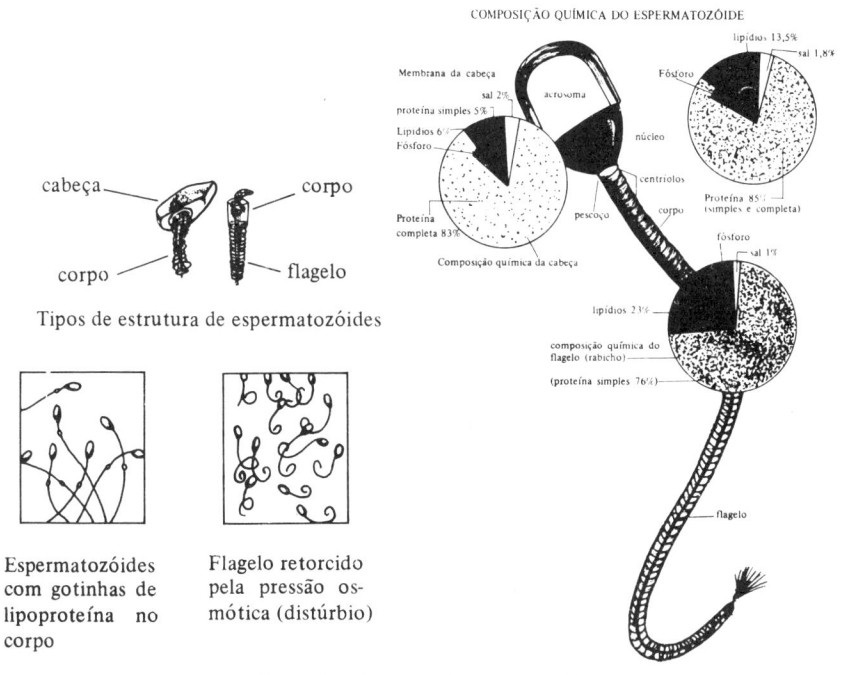

Flagelo retorcido pela pressão osmótica (distúrbio)

Figura 8 — *As partes do espermatozóide*

Há ainda no organismo uma glândula chamada *pituitária* ou *hipófise,* que recebe de uma parte do cérebro — o *hipotálamo* — o impulso motivado pelos odores exalados dos órgãos genitais femininos e o envia aos testículos, onde são produzidos o esperma e um hormônio chamado *testosterona,* que, depois de sofrer transformações, segue para as vesículas seminais, controlando-as; este é o hormônio sexual masculino e produz a libido (prazer) do macho, no momento do coito. A testosterona é formada nos testículos, em espaços localizados entre os tubinhos que formam os espermatozóides. Os testículos têm, portanto, função dupla, isto é, produzem espermatozóides e hormônios.

Nos escrotos (bolsa, saco), os testículos estão sob temperatura um pouco mais baixa (5°C) que a temperatura geral do corpo. Na realidade, a bolsa é um regulador de temperatura. Os testículos, ao se elevarem e descerem, proporcionam sempre uma temperatura relativamente baixa, o que é essencial para a produção de espermatozóides. Durante o frio, ficam encolhidos e mais próximos da barriga, para que sua temperatura aumente. Cada testículo é uma unidade separada localizada em seu próprio compartimento, dentro do escroto.

Antes do nascimento do bezerro, os testículos se formam e se acham localizados na barriga; pouco antes do nascimento, eles devem descer até a bolsa (escroto) normalmente; entretanto, um (monórquido) ou os dois (criptórquido) testículos podem não descer: em ambos os casos, os animais não devem ser aproveitados como reprodutores, pois a produção de espermatozóides é pequena ou nula, devido à temperatura do abdômen que é muito alta e impede sua formação.

A castração dos animais (bovinos) pode ser feita:

a) cirurgicamente, pela extirpação dos testículos (cortando-se os canais deferentes, epidídimo e cordões testiculares);

b) mecanicamente, por esmagamento externo (pelo processo *burdizzo*), provocando a atrofia dos testículos, que permanecerão dentro da bolsa (pequenos, murchos).

O touro, quando solto no meio do rebanho, não deve cobrir mais de quatro vacas por semana (evitar o touro solto, para não cobrir várias vezes a mesma vaca).

Os tourinhos começam a servir com a idade de nove meses, quando bem alimentados, mas seu uso não deve ser superior a duas vezes por semana.

Para impotência (frieza sexual), aplicar Androgenol, Zoo-afrodil, Impotencina, Potenay B-12.

ANATOMIA DOS ÓRGÃOS DE REPRODUÇÃO DA FÊMEA BOVINA

Bacia óssea é um canal que o feto, obrigatoriamente, atravessa em toda sua extensão para chegar à luz. É constituída de ossos, mais comprida que larga e achatada lateralmente. O feto só pode percorrê-la para nascer, amoldando-se a ela por uma deformação momentânea; possui quatro faces, sendo uma superior, constituída pelo osso sacro e pelas vértebras sacrais, uma inferior, formada pelos ossos púbicos que se dilatam na hora do parto, estando neles assentada na parte anterior à bexiga, e pelos dois ossos laterais dos ísquios (Figura 9).

O *aparelho reprodutor* ou *órgãos genitais* da vaca acha-se em parte na bacia e em parte no interior da cavidade abdominal (ventre), sobre os intestinos (Figura 10). São eles: dois ovários, dois ovidutos, um útero, uma vagina, uma vulva e o órgão de funções anexas denominado úbere.

O *ovário,* também chamado gônadas, compõe-se de duas glândulas e está localizado na cavidade abdominal (barriga), à direita e à esquerda da região sublombar. É de cor branco-rosada e seu tamanho varia segundo a idade, espécie, raça etc.; geralmente, na vaca, assemelha-se a uma uva itália ou azeitona grande, com 3,8 a 5,8 cm (conforme a função no momento) e deve produzir óvulos e hormônios diversos, necessários ao cio, à prenhez, ao parto e à lactação.

Os ovários produzem óvulos e cada um se encontra rodeado por um grupo de células, constituindo o chamado folículo (vesícula de

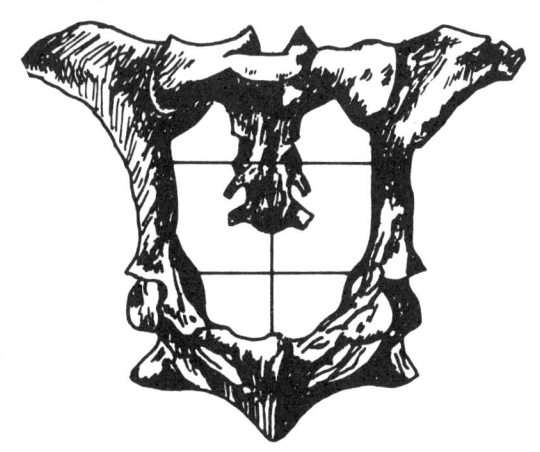

Figura 9 — *Bacia óssea da vaca*

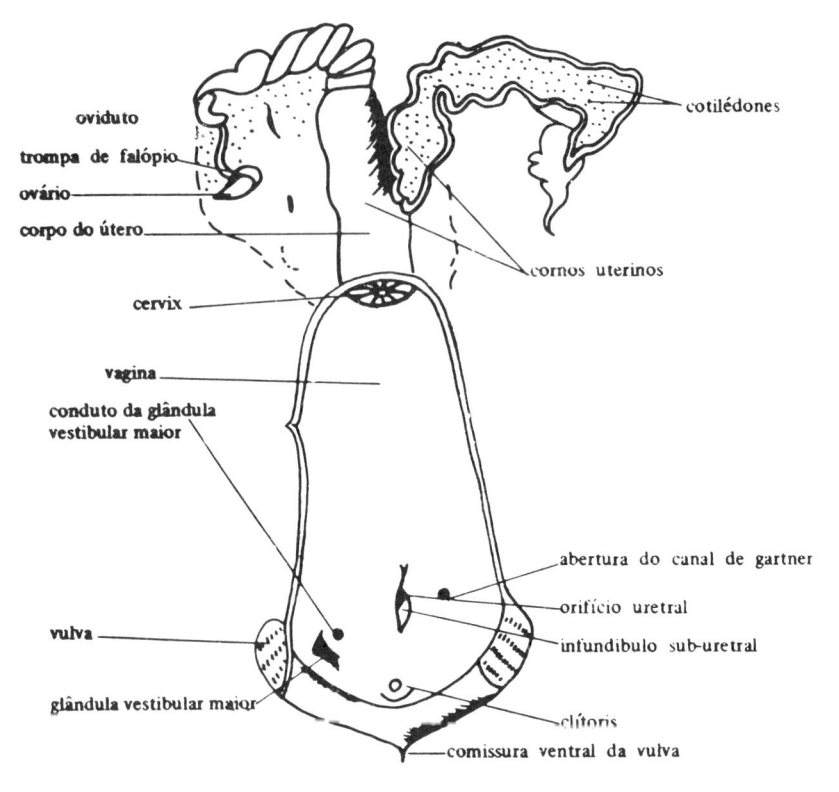

Figura 10 - *Orgãos de reprodução da fêmea bovina*

Graaf), onde são produzidos os hormônios estrogênio, luteína, progesterona, relaxina e outros.

Ovidutos ou *trompas de Falópio* são dois canais sinuosos (flexuosos) e frágeis, um do lado direito, outro do lado esquerdo, medindo entre 15 e 30 cm de comprimento. Prolongando-se a partir dos cornos uterinos, eles seguem em direção aos ovários em cuja extremidade assumem o formato de um funil chamado infundíbulo. Na época do cio, os infundíbulos se enchem de sangue e envolvem os ovários para receber o óvulo no momento da *ovulação*. São constituídos de fibras musculares brancas e de um canal com cílios (saliências) vibráteis chamadas *fímbrias* (na parte interna), que facilitam a descida do óvulo e a subida dos espermatozóides.

Útero é uma espécie de saco onde ocorre a gestação. Na vaca, o corpo uterino tem a forma de um cilindro oco, pequeno e achatado, mede entre 3 e 12 cm de comprimento e possui na extremidade posterior o colo uterino e na anterior os cornos uterinos direito e esquerdo, que, por sua vez, medem entre 15 e 30 cm cada um em estado de não-prenhez (é o local onde o feto se desenvolve durante a gestação). O tamanho e a forma do útero dependem do número de partos já ocorridos.

A parede interna do útero não-prenhe é esponjosa e macia, sendo, portanto, fácil perfurá-la se for forçada. Compõe-se de três camadas de músculos lisos e de uma camada (a interna), chamada *mucosa uterina,* onde existem saliências hemisféricas chamadas *carúnculas,* espécie de botões esponjosos, em número de cem, mais ou menos.

Colo uterino, canal cervical ou *cérvix* é um órgão muscular muito resistente, localizado no fundo do canal vaginal. É a entrada do útero e se parece com o ânus de burro, pois possui um saco de fundo cego ao seu redor. É um canal formado por pregas em forma de anéis, de constituição rija ou semicartilaginosa e firme ao tato. Mede de 6 a 12 cm de comprimento, com três a seis anéis unidos por fundos de saco cego, com diâmetro variável de acordo com a idade, raça e número de partos. Pode ser mais desenvolvido (principalmente nas raças zebuínas) e irregular nas vacas, enquanto nas novilhas é de cerca de 2 cm, fino e mole. Possui um músculo espesso que, em geral, fecha o canal quase por completo, só se relaxando, isto é, dilatando-se, no período do cio e no momento do parto para dar passagem ao feto. Logo, porém, contrai-se, voltando ao diâmetro normal.

Quando o animal está em cio, além de ficarem intumescidas, as glândulas internas transformam o muco aí formado em fluido abundante, o que facilita a passagem da pipeta (aplicador). Na vaca seca (solteira, vazia), esse muco é seco e escasso.

A cérvix representa a porta entre a vagina (canal vaginal) e o útero. É de fundamental importância que o inseminador saiba identificá-la, pois o sêmen deverá ser depositado em sua extremidade.

Essas partes se mantêm por cima dos intestinos por meio de ligamentos flexíveis e resistentes, que suportam o peso dos órgãos reprodutores e também o peso do feto e da placenta (nas vacas velhas, a flexibilidade se encontra bastante comprometida). São providas de vasos sangüíneos e fibras nervosas.

Por estarem próximos ao reto (logo abaixo), os órgãos acima descritos podem ser apalpados pela parede do próprio reto. O rompimento de pequenos vasos sangüíneos provocado pela entrada e saída do braço do inseminador pode resultar em pequenas hemorragias sem conseqüências graves; mesmo assim, não se pode esquecer que todo o processo da inseminação deve ser realizado com muita delicadeza.

Vagina ou *canal vaginal* é um canal membranoso que vai da vulva (vaso) à cérvix uterina. Relaciona-se na parte superior com o reto e nas laterais com as paredes da bacia; embaixo, com a bexiga, por um canal curto chamado *meato urinário*; a vagina tem de 25 a 30 cm de comprimento, paredes delgadas e elásticas, normalmente franzidas. No seu interior existem glândulas secretoras, que produzem um muco para lubrificação no momento do cio; torna-se claro e elástico durante o coito e facilita a passagem do bezerro no momento do parto.

Entre a vulva e a vagina das fêmeas virgens (novilhas-bezerras) existe uma restrição circular, um estreitamento chamado *hímen* (cabaço).

Vulva ou *vaso* é a porção mais externa do aparelho genital da vaca; tem a forma de uma fenda vertical e compõe-se de dois lábios vulvares e duas comissuras (pregas, pelancas, rugas). Na frente da comissura inferior, um pouco para dentro, estão o clitóris, órgão sexualmente sensível (excitativo), e o vestíbulo.

Externamente, a vulva apresenta-se lisa e firme nas novilhas e com rugas e mole nos animais que já procriaram. Esse órgão constitui a entrada para as partes internas e, durante o cio, ele fica intumescido. A pele fica macia, menos enrugada; os pelinhos úmidos pelo muco secretado, que geralmente molha a parte interna da cauda e às vezes escorre para o chão quando a vaca está deitada.

O sistema reprodutor da vaca é provido de vasos sangüíneos e fibras nervosas; quando saudável, apresenta a coloração *rosada clara brilhante* e atua como canal para o parto, conduto para o sêmen e para expelir a urina.

Úbere é um órgão anexo aos órgãos de reprodução e só tem função quando a vaca está criando. É formado por dois tipos de tecidos: o *glandular,* chamado de nobre, que deve ser macio, suave, elástico e ocupar maior proporção; o *conjuntivo*, que é proteção e reservatório para armazenar o leite; este tecido não deve ser duro, volumoso nem muito carnudo, porque, quanto maior sua proporção, maior será o úbere e menor a capacidade de formar leite; aqui se localizam as quatro *mamas inguinais,* duas de cada lado, independentes, e cada uma tem um único canal excretor em seu centro. Na parte póstero-superior acham-se os glânglios retromamários linfáticos, a veia mamária, os canais condutores lácteos, chamados *canais galactófaros,* as cisternas lácteas na parte central superior e quatro tetas ou mamas (peitos) na parte inferior — cada uma delas tem um canal central, com uma válvula de retenção na extremidade chamada *esfíncter,* que veda a saída espontânea do leite; este só flui quando pressionado externamente pelo bezerro ou mecanicamente (na ordenha).

O úbere da boa vaca leiteira deve ser bem conformado, ter saliências bem pronunciadas por trás das coxas, vindo logo abaixo da vulva, com fortes músculos chamados *tirantes* ou *estribos* e estender-se o mais possível sobre o abdômen (perto do umbigo), sem, entretanto, ultrapassar a altura dos joelhos no sentido descendente. Deve ter textura glandular, ser brando ao tato, coberto de pele fina e flexível (aveludada), volumoso quando cheio de leite e, quando vazio ou seco, deve ser murcho, ficando com inúmeras dobras (correama) na região do períneo, isto é, entre as pernas. As veias mamárias devem se mostrar volumosas e sinuosas, as fontes de leite, largas e bem abertas; o comprimento das tetas deve ser de bom tamanho; quando muito grande, demonstram ter uma tiragem dura porque seu canal é estreito; devem ser bem implantadas e com distâncias iguais entre si.

O úbere deve ter ligamentos fortes, bem balanceados e com grande capacidade para sustentar o peso quando estiver cheio de leite; ter comprimento, profundidade e mostrar uma divisão moderada entre as partes, com boa textura, sem formação de saco.

Essas características revelam boa qualidade para ordenha e alta produção durante um largo período de vida útil.

FUNÇÕES FISIOLÓGICAS DA REPRODUÇÃO (VACA)

Sinais internos de cio

O momento próprio para a procriação é manifestado nas fêmeas, periodicamente, até ser efetuada a fecundação, e chama-se *cio, calor* ou *estro.*

Esse fenômeno tem início no cérebro, na região do *hipotálamo,* que estimula uma glândula chamada *hipófise* ou *pituitária,* localizada entre o céu da boca e o cérebro, a produzir um hormônio chamado hormônio folículo-estimulante (FSH), que determina o desenvolvimento de um folículo do ovário (Figura 11). À medida que este cresce,

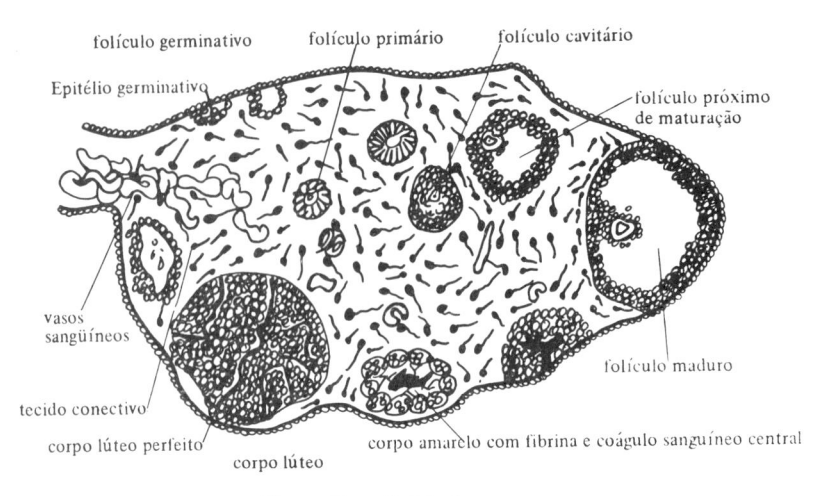

Figura 11 — *Ovário da vaca*

comprime as células que o rodeiam, produzindo outro hormônio chamado *estrogênio* (hormônio sexual feminino), que entra na corrente sangüínea (+ 50%) e atua sobre o sistema nervoso, fazendo o animal apresentar cio.

Sinais externos de cio

As vacas prestes a entrar em cio apresentam inúmeros sinais: começam a cheirar a vulva das outras companheiras, ficam de frente entre si, testa a testa, dão cabeçadas, encolhem o lombo e apresentam uma congestão dos órgãos genitais externos, intumescimento ou inchação da vulva, com leve escorrimento de líquido viscoso, levemente sangüinolento no início, com odor característico; ficam inquietas e indóceis, com os pêlos da anca eriçados, o lombo fica baixo e urinam com freqüência; a seguir, olham para os empregados, costumam berrar, deixam de comer, cavam com as patas, percorrem as cercas à procura do touro, trepam nas companheiras primeiro, depois ficam imóveis quando são montadas pelas companheiras ou rufião (as que trepam também em breve entrarão em cio, não devem estar prenhes), e o muco secretado vai se clareando: é o sinal definitivo (Figura 12).

Um dos sinais *iniciais* é a diminuição da produção de leite; os sinais anteriores são observados nas primeiras oito a dezesseis horas após o início do cio; nesse período, o muco apresenta uma *acidez* que o touro cheira, aspira o ar com a cabeça erguida. No entanto, nesse

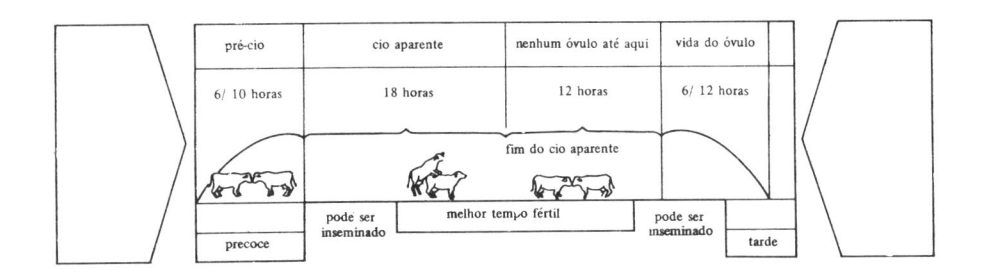

Figura 12 — *Sinais externos de cio na vaca*

período, ele não consegue trepar porque a vaca se move, anda (também não se pode fazer inseminação nesse momento).

No final, as vacas se acalmam, o muco vaginal torna-se espesso, translúcido, transparente, semelhante à clara de ovo fresco; as fêmeas não sobem mais, nem se deixam subir, apresentam a vulva úmida; o tempo normal de duração é de oito a trinta horas no gado europeu e de oito a 16 horas no gado indiano, com uma média de duração de dezoito horas, razão pela qual a *inseminação artificial* ou a colocação do touro para a cópula natural deve ser realizada a partir da metade da duração do cio. Nesse momento, os hormônios estrogênio e progesterona no sangue estão em proporções iguais (50% cada), o índice de pH não pode ser inferior a 6,5, podendo alcançar 7,0; qualquer outro índice revela anormalidade, com ou sem infecção, e destruirá o espermatozóide ali depositado.

O cio tem maior duração na primavera, verão e outono, época em que se manifesta com maior intensidade; no inverno, é mais curto e apresenta poucos sinais, tornando-se difícil reconhecê-lo e, sobretudo, impossibilitando que se precise o seu início.

Os cios podem ser, quanto à duração:

Curtos: quando duram de 10 a 16 horas.

Normais: quando duram de 18 a 24 horas (média de 21 horas).

Médios: quando duram de 25 a 35 horas.

Longos: quando duram de 36 a 60 horas.

E quanto à forma:

Silenciosos: quando não se notam sinais e, geralmente, aparecem à noite. São comuns em vacas de alta produção. Para se descobrir o momento desse cio, é preciso usar detector.

Aparentes: são os cios normais, evidentes.

Inférteis: quando não houve fecundação, por ovulação retardada ou cio sem ovulação (também comum em vacas de alta produção).

Rufião é um animal usado para estimular e despertar o cio nas novilhas mais desenvolvidas e nas vacas em geral; pode-se usar um animal macho que foi submetido a uma intervenção cirúrgica que provocou desvio da posição e funcionamento do pênis.

Nos bovinos usa-se a seguinte operação: na altura de uns 20 cm antes do final do prepúcio faz-se um corte na pele para desviar o corpo do pênis para baixo, fora do prepúcio, dando-se uns pontos na pele para evitar que o corpo volte à posição normal. Desse modo, não há interrupção das funções sexuais, que continuam normais, o animal se excita, provoca as fêmeas, desperta o máximo do excitamento nelas, porém não consegue, em nenhuma hipótese, efetuar o coito (cobertura). Não há perigo de fecundação ou de transmissão de doenças venéreas e principalmente evita-se o alastramento da frieza sexual nas fêmeas soltas nas invernadas ou nos animais em que se pretende fazer inseminação artificial (usar um rufião para cada quarenta a cinqüenta vacas, trocando-o a cada dois anos).

Vacas também podem ser usadas como rufião. Pesquisas realizadas nos Estados Unidos e em outros países concluíram que as vacas "androginizadas", isto é, "masculinizadas", são capazes de detectar facilmente o cio de suas companheiras de rebanho.

Esse processo realmente curioso é de grande sentido prático na inseminação artificial, como na monta controlada. Consiste na administração do hormônio masculino *Duratestom*. Usa-se 1,5 cc via muscular; após quinze dias, novamente mais 1,5 cc no músculo e depois duas a quatro ampolas via subcutânea a cada quinze dias até completar três meses, nas futuras "rufionas". A partir daí, a vaca se sente estimulada e se comporta como macho. O hormônio administrado vai aumentando e prolongando o período de agressividade sexual das vacas. Pode-se equipá-la com um *buçal marcador* (líquido ou pó) que permite assinalar a anca das vacas que forem trepadas, ou então pode-se colocar um pequeno sino chamado *cincerro,* amarrado no pescoço das rufionas, que tocará ou fará barulho sempre que elas se elevarem do solo, trepando nas companheiras. Então, os campeiros ouvem o sino mesmo que estejam a alguma distância.

Esse processo apresenta as seguintes vantagens:

a) maior atividade em comparação com os rufiões machos;

b) facilidade de preparo, execução, além de maior economia;

c) aproveitamento das vacas de porte vigoroso, normalmente afastadas da reprodução por defeitos diversos e já destinadas à venda para corte.

Idade das novilhas: as bezerras bem nutridas normalmente manifestam o primeiro cio entre cinco e nove meses de idade, porém, quando mal nutridas, somente depois de vinte meses. As novilhas primíparas apresentam um cio muito curto e geralmente sem sinais característicos, principalmente em tempo frio. Nas raças especializadas em produção de leite, as novilhas quando dão cria mais cedo são em geral melhores produtoras que as outras.

Época de procriação: é recomendada a inseminação aos 21 meses (um ano e nove meses) para as fêmeas parirem aos trinta meses. O estado de saúde das novilhas influi para que venham a ter uma vida econômica e suficientemente longa.

É mais importante o desenvolvimento físico que a idade. Desse modo, as fêmeas devem estar com o peso de 300 a 330 kg (1,60 de circunferência de tórax), podendo ter quinze meses de idade para parirem com 24 meses.

Ciclo estral é o espaço entre os cios. As vacas podem manifestar o primeiro cio após paridas de duas a dez semanas, em geral entre 58 e 60 dias, quando então devem ser inseminadas (não antes), pois nessa ocasião o útero já está refeito, voltou ao normal e não trará problemas futuros, oferecendo condições adequadas para nova fecundação. Não sendo fecundada, o cio retornará dentro de dezoito a 24 dias. Esse espaço pode aumentar, chegando até a se configurar uma frigidez temporária (maninha). O ciclo estral divide-se em:

Diestro — fase de repouso sexual. Não havendo fecundação, dura nove dias. Se houve fertilização, é nessa fase que se processa a gestação e ela só se encerrará no parto.

Proestro — fase do crescimento dos folículos nos ovários. Dura de dois a três dias, com intumescimento da vulva.

Estro ou cio — terceira fase, quando ocorre a ovulação, isto é, o rompimento do folículo com desprendimento do óvulo. Dura de oito a trinta horas (média de dezoito horas), a vulva continua intumescida e solta o muco lubrificador. A fêmea tem desejo.

Anestro ou metaestro — quando cessa o calor, o animal se acalma e a vulva volta ao normal (desintumesce). Dura de seis a oito dias.

As fêmeas que entram em cio pela manhã devem ser inseminadas à tarde, depois das 14 horas. As que entram em cio à tarde deverão ser inseminadas na manhã seguinte. A inseminação deve ser realizada apenas uma vez, de preferência pelo método cervical profundo, e sempre observar o tempo certo (fim do cio).

Para as vacas que repetem o cio, para despertar o cio em novilhas e para as vacas que não entraram em cio depois de paridas, deve-se efetuar uma lavagem alcalina com fosfato de sódio a 2%, ou usar bicarbonato de sódio a 5%. Aplicar uma série de três injeções à base de estrogênios (Potenay B-12, Procio, Monovin E, Glumafor), reforçando com ADE. Para provocar o cio em grande número de animais ao mesmo tempo, pode-se aplicar uma injeção intramuscular, usando-se a substância prostaglandina F2-Alfa, existente no comércio com o nome de Cloprostenol (Ciosin), muito ativa (ver bula), Phos-20 etc.

Ausência de cio: o aparelho genital da vaca funciona bem quando todo o organismo está saudável; caso contrário, ele entra em recesso e paralisa. Toda vez que os suprimentos de hidrato de carbono e proteínas são insuficientes, o organismo do animal paralisa os órgãos que não são imprescindíveis para continuar vivendo e, dentre eles, os primeiros são os órgãos da reprodução. O desaparecimento do cio nem sempre representa gestação; carências minerais ou doenças (metrites, em geral) também podem ocasionar ausência de cio (principalmente falta de iodo).

Gado mineralizado dificilmente tem distúrbios nos órgãos de reprodução, inclusive no úbere. As moléstias fisiológicas dos órgãos de reprodução geralmente desaparecem após três meses de descanso.

Animais transportados de climas frios para climas tropicais podem ficar muito tempo (meses) sem manifestar cio, assim como os animais levados para exposições podem voltar com infertilidade temporária no macho e atraso de manifestações de calor (cio) nas fêmeas.

Ovulação: uma vez por mês, o ovário incha, expele fluidos e células, enquanto um folículo cor-de-rosa aumenta de volume (durante uma semana) e rompe-se soltando um líquido chamado *foliculina* (LH), com um óvulo maduro do tipo XX (cromossomo fêmea) dentro do infundíbulo, no início do oviduto. Esse processo chama-se *ovulação* e ocorre de seis a dezesseis horas depois de terminado o cio. O óvulo permanece cerca de oito horas na parte baixa do oviduto, na abertura da válvula aí existente.

Logo após a ovulação, a vesícula se transforma numa estrutura chamada *corpo lúteo* ou *corpo amarelo*, de consistência carnosa, que deve desaparecer rapidamente se não houver fecundação, por ação da luteolisina (provavelmente, a prostaglandina), que pára de produzir progesterona, iniciando a produção de FSH para haver novo ciclo.

Quando isso ocorre e ele não desaparece, há *esterilização temporária* chamada *corpo lúteo persistente*, uma deficiência hormonal, que deve ser tratada por um veterinário. O óvulo tem vida máxima de dez horas (em média, seis horas), depois perde a fertilidade, vitalidade e se desintegra; o ovário aumentará a produção do hormônio estrogênio para novamente se desenvolver outro folículo e também fazer voltar o cio (ciclo estral).

Não havendo fecundação, a congestão sangüínea dos vasos existentes nas paredes internas do útero produzirá pequena hemorragia interna no terceiro e quarto dias, que poderá ser observada na cauda e na anca do animal, impregnadas de sangue. No entanto, é quase invisível porque a quantidade de sangue é pequena e isso não é necessariamente sintoma de prenhez, mas apenas demonstra que houve cio dias antes, devendo-se anotar a data para se saber quando deverá voltar este cio — após 21 dias. Durante o cio, as glândulas internas do útero ativam a produção do muco, aumentando a produção das células brancas existentes no sangue, chamadas *fagócitos*, que destroem qualquer microrganismo que penetre a cérvix no momento do coito e permaneça no útero. Quando há cio durante a prenhez, não há ovulação, o que não acarreta nenhum transtorno para a vaca. A mucosa vaginal em fêmea prenhe é geralmente seca; qualquer corrimento revela a existência de distúrbios. No entanto, deve-se evitar o coito para que não haja risco de aborto.

Fecundação ou fertilização: é a fusão do núcleo das células sexuais ou gametas masculino e feminino numa mesma célula.

Após a introdução do sêmen no útero da vaca, os espermatozóides nele contidos, por movimentos próprios, feitos por vibrações espirais da cauda, auxiliados pelas contrações do miométrio no útero, depois nos cornos uterinos pelas contrações das fímbrias e, finalmente, no oviduto, pela ação das células ciliares e músculos do próprio oviduto, sobem pelos cornos uterinos, nadando quase 30 cm corrente acima, numa viagem que pode durar de alguns minutos a 24 horas e que será vencida apenas pelos mais fortes (a maioria deles é fraca, lenta; outros têm defeitos: cabeça, rabicho e corpo pequenos, tortos ou grandes; outros são muito volumosos e sem vitalidade) (Figura 13).

Para que haja fecundação normal é necessário que os espermatozóides já estejam esperando quatro a doze horas na parte baixa do oviduto para terem *capacitação,* isto é, capacidade de fecundação. A duração de vida dos espermatozóides no oviduto é de 24 horas.

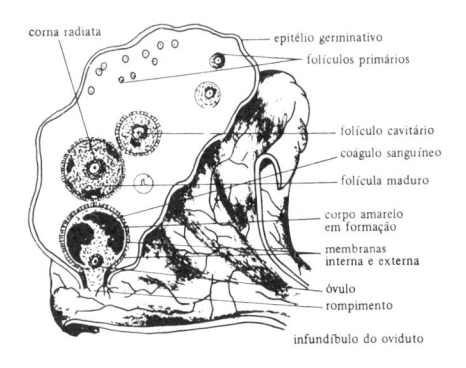

RUPTURA DO FOLÍCULO E SURGIMENTO DO ÓVULO

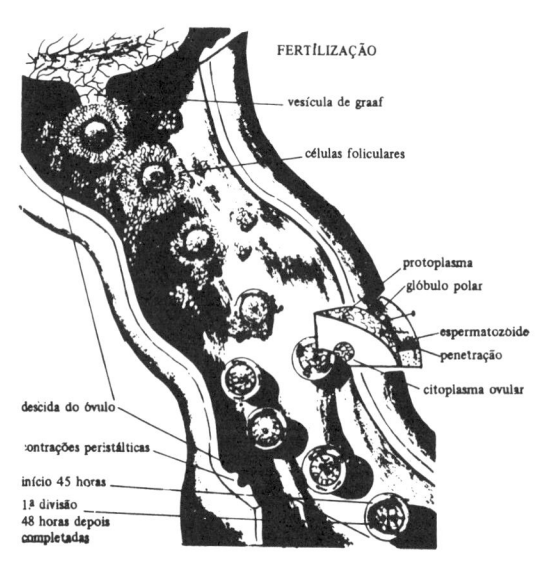

Figura 13 — *Fertilização do óvulo bovino*

O encontro se dá depois de seis a doze horas do término do cio e na parte superior da trompa, no ponto de ligação com o oviduto, logo que haja abertura da válvula *istmo* aí existente, dando passagem ao óvulo. Na trompa, assim que o óvulo desce, os espermatozóides o rodeiam e, girando velozmente na chamada *dança da vida,* chocam-se constantemente com ele para romper sua capa protetora e conseguir penetrar seu núcleo, chamado *citoplasma,* para fecundá-lo (normalmente apenas um deles consegue a façanha). No instante em que um deles (ou mais) consegue, perde a cauda e, penetrando o núcleo do óvulo, o fecunda. Os outros são destruídos por acidez; o mesmo óvulo pode ser fecundado por mais de um espermatozóide no mesmo instante, originando os *gêmeos univitelinos,* como também podem ser fecundados mais de um óvulo, originando os *gêmeos bi* e *polivitelinos*; ambos são raros e constituem o chamado parto gemelar. Ex.: em Minas Gerais uma vaca pariu onze bezerros em apenas cinco partos e, no Rio Grande do Sul, uma vaca teve quadrigêmeos (quatro bezerros vivos); foram ambos partos normais.

O óvulo fecundado passa a chamar-se *célula fertilizada, ovo* ou *zigoto* e é composto de uma só célula com capacidade de se dividir.

Gestação: é o período compreendido entre a fecundação e o parto. Durante esse período, dizemos que a fêmea está cheia, enxertada, prenhe ou grávida. A duração da gestação varia com a idade, raça, sexo da cria e número de fetos em desenvolvimento. As tabelas de gestação e parição apresentadas nas páginas seguintes auxiliam nesse controle.

EMBRIOLOGIA

O ovo desce pela trompa, encontrando o caminho desimpedido (neutralizado) pela progesterona e alimentado pela luteína contida no corpo amarelo ou lúteo — que não deixa aparecer novo cio —, segue movido por saliências chamadas *fímbrias*, descendo por um dos cornos uterinos (geralmente pelo direito), entra no corpo do útero, onde, depois de vinte horas, acelera-se a multiplicação das células.

Inicialmente, o ovo se divide em duas células, depois em quatro, e assim por diante, até formar o novo ser chamado *feto*. Na espécie bovina, existem 30 pares de cromossomos nas células somáticas do pai ou da mãe; dentre esses 30 pares, um par especial de cromossomos é o responsável pela determinação do sexo do futuro ser.

Tabela de gestação (bovinos). Média: 283 dias

Janeiro	Nascimento	Fevereiro	Nascimento	Março	Nascimento	Abril	Nascimento	Maio	Nascimento	Junho	Nascimento	Julho	Nascimento	Agosto	Nascimento	Setembro	Nascimento	Outubro	Nascimento	Novembro	Nascimento	Dezembro	Nascimento
1	11/10	1	11/11	1	9/12	1	9/1	1	8/2	1	11/3	1	10/4	1	11/5	1	11/6	1	11/7	1	11/8	1	10/9
2	12/10	2	12/11	2	10/12	2	10/1	2	9/2	2	12/3	2	11/4	2	12/5	2	12/6	2	12/7	2	12/8	2	11/9
3	13/10	3	13/11	3	11/12	3	11/1	3	10/2	3	13/3	3	12/4	3	13/5	3	13/6	3	13/7	3	13/8	3	12/9
4	14/10	4	14/11	4	12/12	4	12/1	4	11/2	4	14/3	4	13/4	4	14/5	4	14/6	4	14/7	4	14/8	4	13/9
5	15/10	5	15/11	5	13/12	5	13/1	5	12/2	5	15/3	5	14/4	5	15/5	5	15/6	5	15/7	5	15/8	5	14/9
6	16/10	6	16/11	6	14/12	6	14/1	6	13/2	6	16/3	6	15/4	6	16/5	6	16/6	6	16/7	6	16/8	6	15/9
7	17/10	7	17/11	7	15/12	7	15/1	7	14/2	7	17/3	7	16/4	7	17/5	7	17/6	7	17/7	7	17/8	7	16/9
8	18/10	8	18/11	8	16/12	8	16/1	8	15/2	8	18/3	8	17/4	8	18/5	8	18/6	8	18/7	8	18/8	8	17/9
9	19/10	9	19/11	9	17/12	9	17/1	9	16/2	9	19/3	9	18/4	9	19/5	9	19/6	9	19/7	9	19/8	9	18/9
10	20/10	10	20/11	10	18/12	10	18/1	10	17/2	10	20/3	10	19/4	10	20/5	10	20/6	10	20/7	10	20/8	10	19/9
11	21/10	11	21/11	11	19/12	11	19/1	11	18/2	11	21/3	11	20/4	11	21/5	11	21/6	11	21/7	11	21/8	11	20/9
12	22/10	12	22/11	12	20/12	12	20/1	12	19/2	12	22/3	12	21/4	12	22/5	12	22/6	12	22/7	12	22/8	12	21/9
13	23/10	13	23/11	13	21/12	13	21/1	13	20/2	13	23/3	13	22/4	13	23/5	13	23/6	13	23/7	13	23/8	13	22/9
14	24/10	14	24/11	14	22/12	14	22/1	14	21/2	14	24/3	14	23/4	14	24/5	14	24/6	14	24/7	14	24/8	14	23/9
15	25/10	15	25/11	15	23/12	15	23/1	15	22/2	15	25/3	15	24/4	15	25/5	15	25/6	15	25/7	15	25/8	15	24/9
16	26/10	16	26/11	16	24/12	16	24/1	16	23/2	16	26/3	16	25/4	16	26/5	16	26/6	16	26/7	16	26/8	16	25/9
17	27/10	17	27/11	17	25/12	17	25/1	17	24/2	17	27/3	17	26/4	17	27/5	17	27/6	17	27/7	17	27/8	17	26/9
18	28/10	18	28/11	18	26/12	18	26/1	18	25/2	18	28/3	18	27/4	18	28/5	18	28/6	18	28/7	18	28/8	18	27/9
19	29/10	19	29/11	19	27/12	19	27/1	19	26/2	19	29/3	19	28/4	19	29/5	19	29/6	19	29/7	19	29/8	19	28/9
20	30/10	20	30/11	20	28/12	20	28/1	20	27/2	20	30/3	20	29/4	20	30/5	20	30/6	20	30/7	20	30/8	20	29/9
21	31/10	21	1/12	21	29/12	21	29/1	21	28/2	21	31/3	21	30/4	21	31/5	21	1/7	21	31/7	21	31/8	21	30/9

Tabela de gestação (bovinos). Média: 283 dias (Continuação)

Janeiro	Nascimento	Fevereiro	Nascimento	Março	Nascimento	Abril	Nascimento	Maio	Nascimento	Junho	Nascimento	Julho	Nascimento	Agosto	Nascimento	Setembro	Nascimento	Outubro	Nascimento	Novembro	Nascimento	Dezembro	Nascimento
22	1/11	22	2/12	22	30/12	22	30/1	22	1/3	22	1/4	22	1/5	22	1/6	22	2/7	22	1/8	22	1/9	22	1/10
23	2/11	23	3/12	23	31/12	23	31/1	23	2/3	23	2/4	23	2/5	23	2/6	23	3/7	23	2/8	23	2/9	23	2/10
24	3/11	24	4/12	24	1/1	24	1/2	24	3/3	24	3/4	24	3/5	24	3/6	24	4/7	24	3/8	24	3/9	24	3/10
25	4/11	25	5/12	25	2/1	25	2/2	25	4/3	25	4/4	25	4/5	25	4/6	25	5/7	25	4/8	25	4/9	25	4/10
26	5/11	26	6/12	26	3/1	26	3/2	26	5/3	26	5/4	26	5/5	26	5/6	26	6/7	26	5/8	26	5/9	26	5/10
27	6/11	27	7/12	27	4/1	27	4/2	27	6/3	27	6/4	27	6/5	27	6/6	27	7/7	27	6/8	27	6/9	27	6/10
28	7/11	28	8/12	28	5/1	28	5/2	28	7/3	28	7/4	28	7/5	28	7/6	28	8/7	28	7/8	28	7/9	28	7/10
29	8/11			29	6/1	29	6/2	29	8/3	29	8/4	29	8/5	29	8/6	29	9/7	29	8/8	29	8/9	29	8/10
30	9/11			30	7/1	30	7/2	30	9/3	30	9/4	30	9/5	30	9/6	30	10/7	30	9/8	30	9/9	30	9/10
31	10/11			31	8/1			31	10/3			31	10/5	31	10/6			31	10/8			31	10/10

Obs.: A coluna estreita refere-se ao dia e mês da cobertura. O nascimento provável lê-se na coluna à direita.

Cromossomo com genótipo XX é fêmea e cromossomo com genótipo XY é macho. No macho existem dois tipos de gametas, sendo que 50% dos espermatozóides possuem cromossomos X e 50%, cromossomos Y. Na fêmea, existe apenas um tipo de gameta, que é 100% constituído de cromossomos X. Da união do gameta masculino *a* com o gameta feminino ♀ origina-se o *zigoto* ou novo ser, que, no caso dos bovinos, a vaca deverá carregar no ventre ou útero por nove meses, ou seja, 278 a 292 dias (em média, 285 dias), e esse período chama-se *vida intra-uterina, prenhez* ou *gestação,* que só termina com o ato de expulsão, chamado *parto, parir, criar* ou *dar à luz,* função biológica normal.

Os fetos machos ou pequenos demoram até quatro dias ou mais para nascer (normal), enquanto as fêmeas ou fetos muito desenvolvidos, os de animais primíparos (novilhas de primeira cria), os gêmeos, nascem alguns dias adiantados, assim como partos na época das chuvas.

Após três dias de fecundação, o ovo tem o tamanho de uma cabeça de alfinete (0,2 mm de diâmetro), está com 16 células e forma uma bolinha chamada *blastocisto*. No sétimo dia, está com 32 células e se chama *mórula*. É de forma esférica e está dentro de uma bolsa chamada *saco amniótico,* flutuando livremente durante trinta dias, enquanto se desenvolvem em seu exterior as chamadas *membranas fetais*. Este período se constitui na chamada *fase pré-placentação,* em que o feto pode ser facilmente eliminado (expelido) se não conseguir fixar-se. A fase seguinte, a *fixação,* costuma trazer transtornos passageiros ao estado de saúde da mãe.

O primeiro órgão a se formar é o coração (órgão vital), que começa a bater no 22º dia de fecundação. O espaço entre as membranas fetais já formadas (espécie de saco) vai-se enchendo com o líquido *âmnio* (água), que irá receber e neutralizar alguns dos excrementos tóxicos (uréia e mecônio) expelidos pelo feto.

Este líquido também atuará como amortecedor e protetor do feto contra as contrações uterinas (cólicas uterinas, pela acomodação do próprio feto no interior, cólicas alimentares por alimentação fermentada, tóxica ou água fria); além disso, protege contra a desidratação e permite o desenvolvimento do feto sem prejudicar o útero materno. Pode conter até 20 *l*, o que é normal. Esse saco é ainda envolto por outras membranas que formam um segundo saco chamado *alantóide,* que também se enche de líquidos para receber as excreções de origem renal (urina) e que reforça a proteção do feto, amortecendo as violências externas (tombo, choques, batidas diretas, apertos, chifradas etc.), exercendo ainda o papel de bactericida, além de prevenir aderências.

Tabela de parição (282 dias)

Insemi-nação	Parição	Insemi-nação	Parição	Insemi-nação	Parição	Insemi-nação	Parição	Insemi-nação	Parição	Insemi-nação	Parição
jan. 1	out. 10	mar. 1	dez. 8	mai. 1	fev. 7	jul. 1	abr. 9	set. 1	jan. 10	nov. 1	ago. 10
4	13	4	11	4	10	4	12	4	13	4	13
7	16	7	14	7	13	7	16	7	16	7	16
10	19	10	17	10	16	10	18	10	19	10	19
13	22	13	20	13	19	13	21	13	22	13	22
16	25	16	23	16	22	16	24	16	25	16	25
19	28	19	26	19	25	19	27	19	28	19	28
22	31	22	29	22	28	22	30	22 jul. 1	22	31
25 nov. 3	25 jan. 1	25 mar. 3	25 mai. 3	25	4	25 set. 3
28	6	28	4	28	6	28	6	28	7	28	6
31	9	31	7	31	9	31	9	30	9	30	8
fev. 1	10	abr. 1	8	jun. 1	10	ago. 1	10	out. 1	10	dez. 1	9
4	13	4	11	4	13	4	13	4	13	4	12
7	16	7	16	7	16	7	16	7	16	7	15
10	19	10	17	10	19	10	19	10	19	10	18
13	22	13	20	13	22	13	22	13	22	13	21
16	25	16	23	16	25	16	25	16	25	16	24
19	28	19	26	19	28	19	28	19	28	19	27
22 dez. 1	22	29	22	31	22	31	22	31	22	30
25	4	25 fev. 1	25 abr. 3	25 jun. 3	25 ago. 3	25 out. 3
28	7	28	4	28	6	28	6	28	6	28	6
		30	6	30	8	31	9	31	9	31	9

Ao se fixar (nidar o ovo nas mucosas uterinas), dá-se a chamada *placentação* nos bovinos; a seguir, começam a se desenvolver os vasos sangüíneos que, através do cordão umbilical, irão alimentar o feto após os cinco meses; até essa data o feto vem se alimentando da luteína e da progesterona existentes no *corpo lúteo da prenhez,* que, se for expelido, provocará o aborto. Em seguida, o feto passa a se alimentar dos elementos nutritivos fornecidos pela mãe por intermédio das carúnculas que se desenvolvem durante a gestação e se unem às membranas fetais chamadas *placenta* ou *secundinas,* onde existem os *cotilédones* (espécie de capa para os botões), que irão cobrir as carúnculas, trazendo no retorno, pelo sangue, todas as toxinas e impurezas (detritos) do organismo fetal para o organismo da mãe, que deverá eliminá-los — este intercâmbio é chamado *osmose.*

Durante a gestação, os ovários continuam a produzir o hormônio progesterona e depois outro, chamado *pituitrina,* que regula o funcionamento das glândulas uterinas. Os cotilédones atingem o tamanho de 12,8 cm por 1,25 cm no final da gestação.

Aos sessenta dias, o feto deixa de ter a forma esférica, passando a apresentar a forma ovóide (semelhante ao ovo de galinha), com 6,5 cm de comprimento; aos noventa dias, o feto já tem a forma completa de um bezerro e 15 cm; aos 120 dias, tem 25 cm (corresponde à dimensão de uma bola de futebol).

O colo ou cérvix fica completamente fechado por retração dos músculos cervicais e pelo endurecimento do muco aí existente; dos sete meses em diante, esse muco que obstruía a entrada da cérvix — o tampão cervical — vai se liquefazendo, o colo inicia a dilatação e o excesso desse muco é expelido. Esse processo é conhecido na prática como "limpando o bezerro". Os ovários passam a produzir um hormônio chamado relaxina, que favorece a dilatação dos órgãos genitais.

O útero se dilata gradativamente durante a gestação, atingindo grande proporção para alojar um bezerro de 25 a 50 kg, cerca de 20 *l* de líquido e de 4 a 5 kg de placenta, voltando também gradativamente (mas de forma mais rápida) ao estado normal em trinta a sessenta dias após o parto.

A contração dos músculos lisos produz a expulsão do feto no momento do parto e são excitados por um hormônio chamado *oxitocina.*

Na inseminação ou no coito natural, os músculos fazem essas contrações em sentido contrário, para facilitar a subida dos espermatozóides em direção ao oviduto (miométrio).

DIAGNÓSTICO DA GESTAÇÃO

É feito com base no exame de diversas particularidades que a fêmea passa a apresentar, a saber:

Cessação do cio: as vacas deixam geralmente de apresentar cio após um mês de fecundação; entretanto, cerca de 3% delas mesmo fecundadas apresentam cio, aceitando, quando soltas, a cobertura pelo macho. É o cio infértil.

Mudança de caráter: o animal fica mais calmo, sossegado e começa a engordar, com o apetite revigorado.

Aumento do ventre: o ventre em seu terço inferior mostra aumento de volume do lado direito a partir do quarto mês de gestação.

Desenvolvimento do úbere: apresenta-se somente a partir dos seis meses (primeiro amojo).

Movimentos do feto: pode-se notar quando a vaca bebe água fria, depois do quinto mês; do sétimo mês em diante, pressionando-se com a mão fortemente e várias vezes o flanco direito da vaca, sentem-se os movimentos do feto.

Diagnóstico precoce

Para a determinação precoce da gestação, é necessária a apalpação da vaca, pelo reto, para a percepção do feto num dos corpos uterinos. Pode-se sentir o feto trinta dias após a fecundação, porém não é fácil — ele flutua no útero e tem a forma arredondada. Lubrifica-se a mão e o braço com azeite de mamona e, com a palma da mão voltada para baixo, os dedos formando uma concha, faz-se a introdução da mão no reto da vaca.

Deve-se esperar com a mão imóvel, se porventura o interior do reto não estiver relaxado, e retirar as fezes se for necessário. O útero está localizado entre a bexiga e a parte inferior do reto. O corpo do útero tem de 4 a 6 cm de espessura. Levantando-o com o dedo médio colocado sobre o lugar onde se unem os cornos é possível apalpar cada um dos cornos em todo o seu comprimento e verificar a presença do feto. O corno tem 40 cm de comprimento e sua espessura é maior na união do corpo uterino.

O feto não pode ser apalpado no início da gestação devido ao líquido que o protege; porém, tem a forma esférica e 2 cm de diâmetro, sendo escorregadio ao tato. Como, a partir de cinqüenta dias de gestação, o feto passa a ter a forma ovóide e com sessenta dias ele mede 6,5 cm, essa é a época ideal para a apalpação de confirmação de prenhez; no entanto, deve ser feita com delicadeza e rapidamente para não se correr o risco de provocar um aborto — esse procedimento chama-se "dar o toque" (Figura 14). Os primeiros cinco meses de gestação não afetam a lactação existente, passando, em seguida, a provocar a diminuição gradativa da produção de leite.

CUIDADOS COM A PARTURIENTE

O parto é a culminação de uma série de atos em que se juntam a seleção, alimentação, manejo e assistência, encaminhados para produzir criação de novos seres.

A seleção é conseguida usando-se o sêmen de animais de alta genética dentro da especialidade desejada.

A alimentação é obtida com o fornecimento de boas forrageiras, de elementos minerais (cálcio, fósforo etc.), além de sal suficiente para facilitar a expulsão do feto, sem retenção de placenta, estimular produção suficiente de leite para o bezerro e a recuperação rápida da fêmea. Deve-se dar ortofosfato bicálcico ou bifosfato de cálcio na proporção de

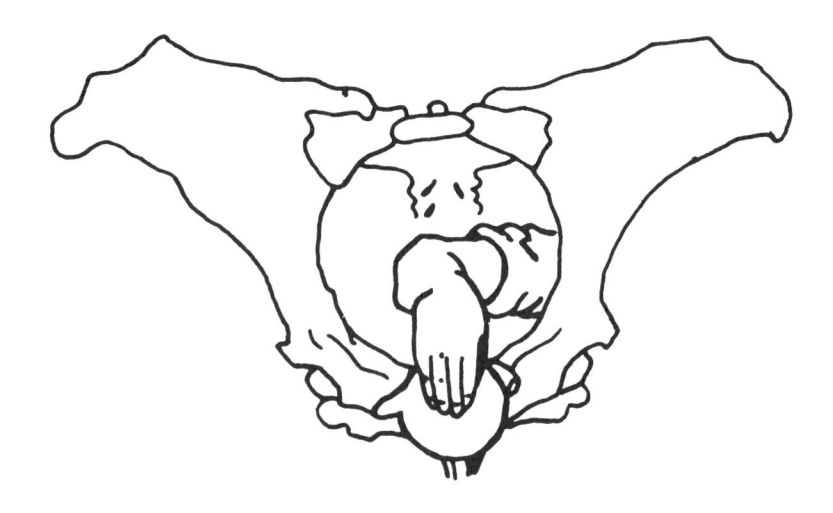

Figura 14 — *"Dar o toque" para saber idade de prenhez*

10% no sal, ou 50% de farinha de ossos e 50% de sal em peso; rações e forragens com 16% no mínimo de proteínas e nutrientes digestíveis totais, no mínimo 65%.

O manejo deficiente em qualquer fase da produção pode resultar na perda ou deformação do recém-nascido, além das dificuldades no ato do parto. Faz-se necessária uma assistência, que se deve iniciar com a vacinação contra *paratifo*, para vacas parturientes, que irá proteger o bezerro depois do nascimento. As vacas devem ser separadas do rebanho, ficando em piquetes bem-formados, com topografia plana, sem buracos, secos, livres de brejos, com liberdade, sem aperto; não se deve jogar carrapaticida em banheiro; evitar banhos frios, não deixá-las comer com excesso, não lhes dar vermífugos, ter água limpa à vontade, oferecer-lhes alimentação supletiva ligeiramente laxativa (farelo de trigo) e incitá-las a andar para fazer ginástica funcional; suspender a ordenha no mínimo por essas quatro semanas para a recuperação dos músculos mamários do úbere, a fim de não comprometer a futura lactação; manter vigilância para perceber os primeiros sinais de parto.

SINAIS PRECURSORES DO PARTO

São os sinais que revelam a proximidade do parto. Alguns dias antes, cai o nível de progesterona no sangue, que até aqui era secretada pelo corpo lúteo e garantiu a gestação, subindo o nível do hormônio estrogênio e de outros que irão aumentar a capacidade de contração da musculatura lisa da parede do útero; os ligamentos existentes ao redor da cauda, a pélvis, os tendões e a musculatura começam a se relaxar, produzindo uma concavidade (buraco) de cada lado da cauda, que fica com sua base elevada, podendo-se esperar o parto no prazo de um a três dias.

A vulva adquire uma cor vermelho-viva, brilhante, incha e expele um muco lubrificador; ao mesmo tempo o úbere se desenvolve, inchando-se e começando a produzir o colostro com enchimento das tetas, que podem gotejar; a glândula pituitária, forçada pela síntese prostaglandina, libera outro hormônio, a oxitocina, que vai atuar nas contrações da mucosa uterina, fazendo as vacas ficarem indóceis, darem coices, até finalmente deitarem-se em decúbito lateral esquerdo com o rume por baixo, pois essa posição facilita a saída — forçando o útero a ficar mais elevado, o feto fica próximo da abertura pélvica, com melhor flexibilidade do osso sacro e da bacia; essa fase dura de quatro a oito horas. Se o animal estiver muito inquieto, nervoso, assustado, deve-se peá-lo e fazer um exame para ver a posição do feto, que não requer auxílio externo para vir à luz.

Se o parto demorar após o rompimento da bolsa de água amniótica sem que nada apareça na vulva, isso indica que há um obstáculo qualquer; deve-se fazer uma exploração direta: o operador, após lavar bem o braço com sabão, bastante espuma e água limpa, deve lubrificá-lo com óleo de mamona, azeite ou vaselina líquida e, a seguir, introduzi-lo nas partes genitais, até atingir o feto. Dificuldade na introdução do braço através da vagina revela uma dilatação insuficiente da cérvix e sua dilatação é imprescindível para a saída do feto. Deve-se aplicar injeção de oxitocina e água quente: se a via for aberta e o feto não aparecer, isso se deve à anormalidade da apresentação; deve-se, então, procurar colocar o feto na posição certa. Quando a ruptura da bolsa de água é prematura, deve-se lubrificar as paredes da vagina com azeite ou vaselina, antes de extrair o feto, e quando não há ruptura (tardia), convém rompê-la e proceder à extração do feto.

MORTE DO FETO DURANTE A PRENHEZ

São muitas as causas de morte do feto, sendo a mais comum motivada pelas infecções genitais (brucelose, tricomoníase, vibriose, virose etc.).

Como resultado dessas evoluções, temos:

a) reabsorção do embrião na prenhez inicial e depois o reaparecimento rápido do cio;

b) abortos na prenhez adiantada (os mesmos cuidados do parto normal);

c) retenção no útero originando mumificação (o feto fica seco, preto, parecendo múmia). Pode permanecer no útero de três a 24 meses, provocando ausência de cio e impedindo novos partos;

d) maceração, isto é, o feto se desmancha, se liquefaz (por causa da tricomoníase), ficando somente o esqueleto. Há corrimento vaginal com mau cheiro e geralmente a vaca fica estéril depois do aborto;

e) putrefação, acidente que pode ocorrer no último período de gestação ou durante o parto. É motivado pelo ataque de bactérias anaeróbias ao feto morto, produzindo enfisema, isto é, formação de gases no tecido subcutâneo, nos músculos e nos órgãos do feto morto. Nesses casos, é necessário prevenir-se contra o perigo de toxemia da vaca; para isso, deve-se efetuar a extração do feto pela fetotomia total se, após uma perfuração interna — no peito do feto —, saírem os gases e não se conseguir mais pela tração simples. São necessários medicamentos antes e depois do processo.

PARTO

Chama-se parto o ato completo de expulsão do feto (bezerro) e das membranas fetais conhecidas por placenta ou secundinas (ou ainda palha, companheiro ou bolsa), constituindo o órgão respiratório, filtrador ou recebedor das excreções fetais, bem como o órgão responsável pela alimentação do feto.
O trabalho de parto se divide em três fases:

Fase da abertura: quando se iniciam as dores, a vaca fica inquieta, deita-se, levanta-se, vira, roda (principalmente as primíparas ou novilhas), isola-se das outras companheiras, enquanto a cérvix vai se dilatando por pressão das bolsas de água que agem como *cunha*; sob a ação do hormônio *relaxina* o canal do parto, constituído pela cérvix, vagina e vulva, fica com os tecidos relaxados, prontos para a dilatação necessária. A parte interna da cérvix se abre num diâmetro que varia de 5 a 7 cm, as contrações uterinas aumentam, forçando o feto contra as paredes do útero, empurrando-o em direção à cérvix; ele deve entrar em posição certa (normal) adequada para a expulsão, que consiste em *apresentação anterior,* isto é, membros anteriores (mãos) estendidos para a frente (Figura 15); *posição superior,* isto é, a cabeça para a frente, repousada em cima dos braços e em *atitude estendida,* isto é, sentado nos membros posteriores; as bolsas fetais aparecem na cérvix, aumentam sua dilatação e, a seguir, a da vagina. Esse processo dura mais ou menos cinco horas (se houver gravidade, até dezesseis horas), quando então os membros do feto penetram na cérvix que já está completamente aberta, dando início à próxima fase.

Fase da expulsão: se a vaca ainda não se deitou, ela o faz agora, pois as contrações uterinas aumentam e, ajudada pelos músculos do ventre, a pélvis se dilata mais para permitir a passagem das bolsas fetais e do bezerro pelo canal vaginal (*via fetal mole*); em seguida, pode haver o rompimento das bolsas com a saída da água que lubrifica o canal, facilitando a passagem do bezerro pela bacia (*via fetal dura-óssea*); pressionando os receptores da cérvix e da vagina, a cabeça do bezerro provoca aumento do hormônio oxitocina, que induz as contrações mais fortes do útero, expulsando o bezerro, que passa finalmente pela vulva,

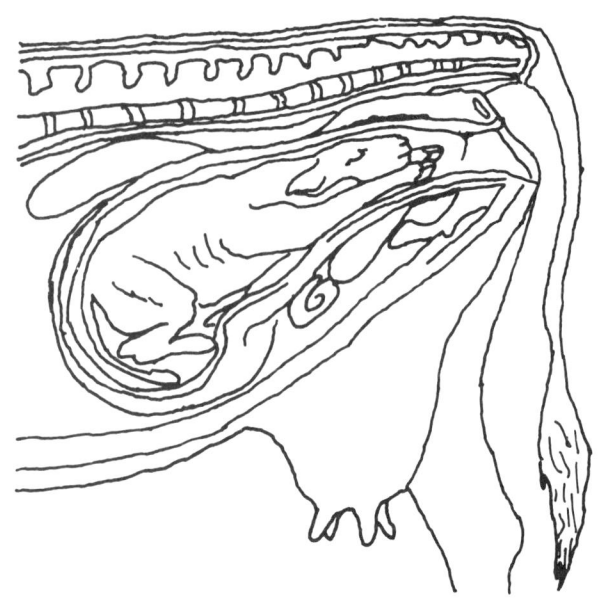

Figura 15 - *Apresentação anterior: posição do bezerro no parto normal*

encurvando-se para baixo, forçando a anca e os seus membros posteriores a irem para trás a fim de poderem passar desencontrados e com mais facilidade pela bacia da vaca.

Após o aparecimento dos membros anteriores (mãos, patas) pela vulva, o bezerro deve completar o nascimento dentro de uma hora; pode-se esperar até duas horas, dependendo da vaca; depois desse prazo, deve-se dar uma olhada na posição do bezerro; se for normal e as condições gerais da vaca (força, energia) ainda persistirem, pode-se aguardar por mais duas horas no máximo; depois desse prazo, deve-se providenciar ajuda externa.

Os bezerros podem viver de quatro a dez horas depois do rompimento das bolsas fetais, o que ocorre quando os membros anteriores passam pela vulva rompendo-as; então, ele deve sair livre dessas bolsas que ficam semipresas na mucosa uterina — em suas carúnculas ainda unidas aos cotilédones — e que garantiram até aquele momento o oxigênio e a nutrição através do cordão umbilical; este pode ser curto (30 cm) e se rompe, geralmente no meio, quando sai o bezerro, que inicia a respiração, começando a viver independentemente.

O trabalho de parto na vaca se estende por doze a quatorze horas (no máximo 24 horas); a partir disso, deve-se chamar o veterinário ou procurar intervir no processo.

Fase da eliminação da placenta: depois do nascimento, as contrações uterinas continuam fazendo com que as membranas fetais (placenta) se soltem e sejam expelidas do útero; essa fase pode durar de três a doze horas; depois disso, é considerado patológico, isto é, doença. Se, entretanto, não saírem dentro de 24 horas, pode-se considerá-la retida — isso significa que há infecção (metrite) e, se não for tratada com urgência, poderá complicar com intoxicação do sangue (toxemia). Essa complicação, se não matar a vaca, a deixará com *esterilidade permanente*.

A placenta deve ser destruída logo que expelida e não ficar jogada nem dada à vaca para comê-la, porque o animal pode se engasgar ou ter distúrbios gástricos. Os bovinos são *adeciduados,* isto é, soltam a placenta depois de nascido(s) o(s) feto(s).

É, pois, importante conhecer a seqüência de um parto para poder detectar anormalidades e administrar produtos que facilitem o nascimento ou aliviem o animal até a chegada do veterinário.

Cuidados

Após o parto, deve-se dar água morna à vaca para beber e, nos dois primeiros dias, uma ração de farelo de trigo — aproximadamente 1,5 kg — molhada com água morna para evitar cólicas; proteger o úbere contra o frio, correntes de vento e principalmente de piso úmido (cimentado nu).

Sempre que se auxiliar uma fêmea que não consegue parir sozinha, deve-se medicá-la para evitar acidentes fatais (ataques de eclampsia, septicemia puerperal, febre vitular etc.).

Aplicar na veia uma injeção de cálcio e fósforo (Calfosthal, Glucolene, Glucafós, Phos-20 etc.) para recuperação e aplicar oxitocina para auxiliar as contrações uterinas e facilitar a expulsão do feto e da placenta (Orastina, Placentin, Oxitocina etc.).

Depois do parto, pode-se aplicar injeções para fortalecimento da vaca (Stimovit, Fosforilene, hipertônico, soro glicosado etc.).

O aumento de oxitocina no sangue provoca também a formação do leite inicial chamado colostro, que é o primeiro alimento do bezerro.

Parto prematuro: quando o feto nasce antes de se completarem os dias normais (fora de tempo), com o desenvolvimento semicompletado, pode viver ou não. Deverá ser tratado como aborto (isolar o animal para fazer exames — brucelose e outros).

Parto retardado: quando o feto passa dos dias normais (mais de 295 dias) geralmente se produz gigantismo ou monstros.

Feto imaturo: quando tem menos de 270 dias, pesa no máximo até 18 kg e deve ter pêlos curtos e dentes incompletos.

Aborto: quando há expulsão do feto antes de estar completamente formado e pronto para viver fora do útero. Geralmente, ocorre por acidentes (pulos em valos, queda em buracos, correrias, cabeçadas, viagens em caminhão apertado etc.) ou por doenças.

O aborto é considerado uma defesa do organismo, pois, quando há risco de vida, o feto é expelido primeiro para não colocar em risco a vida da mãe. Quando o aborto ocorre depois de três meses, a vaca deve ficar sessenta dias em repouso, isto é, não sofrer inseminação nem cobertura natural antes desse período (o mesmo prazo após um parto normal). Deve-se separá-la do rebanho até descobrir a causa do aborto.

Intervenção na hora do parto

Para auxiliar na hora do parto, deve-se observar o seguinte:
1) Lavar cuidadosamente a região traseira do animal.
2) Lavar as mãos do operador com sabão, fazendo bastante espuma e enxugando bem.
3) Lavar e deixar em água com algum antisséptico (Biocid, Lisoform etc., ver bula) a corrente grossa obstétrica ou mesmo a corda de náilon, os puxadores, os ganchos etc.
4) Ter ao alcance das mãos água fervida e morna.
5) Fazer mucilagem, isto é, cozinhar 200 g de semente de linhaça em 3 *l* de água durante 10 minutos ou azeite de mamona (ou Furacin).
6) Deixar ao alcance da mão uma lata de pomada de óxido de zinco.
7) Ter à mão:
a) o anestésico Rompum (tranqüilizante) para aplicar principalmente nas novilhas (de 60 a 80 mg), por via muscular, por volta de 20 minutos antes de iniciar os trabalhos;
b) o medicamento Novocaína a 2%, para fazer anestesia extradural (baixa ou alta) na base de 6 a 10 ml;
c) o medicamento Nitrato de Cloral a 10% ou outro anestésico de 2 a 30 g, para aplicação endovenosa, se necessário;

d) agulha e linha (categute), assim como pinça, para efetuar sutura, se necessário.

Técnica auxiliar para a hora do parto

Quando o animal, depois de estar deitado e ter feito esforços, se levanta e procura o bezerro, olhando ao redor, deve-se fazer uma investigação com tato para se conseguir colocar manualmente o feto no conduto uterino (natal), numa posição a mais normal possível, para que a cabeça passe.

A ajuda por meios mecânicos só deve ser feita por pessoas com experiência ou alguns conhecimentos, para evitar lesões na mãe e no feto. Em geral, basta fazer uma ligeira correção na posição da cabeça ou das patas. Se a vaca tem dilatação suficiente das vias fetais moles e ósseas, sendo o feto muito desenvolvido ou estando em posição muito inconveniente, será necessário ajudá-la com destreza, rapidez e higiene, para conseguir um bom nascimento e conservar a saúde da mãe. As patas são os primeiros membros que aparecem pela vulva e, em seguida, a cabeça; a posição da base das patas indica a posição em que está o bezerro no corpo da mãe; se suas bases estão para cima ou para a cauda, o animal se acha em posição invertida: se as bases das patas estão para baixo ou para o úbere, o feto está em posição normal ou voltado para trás e em posição invertida. O animal deve estar sempre em pé, na hora de intervir. Quando o parto excede a quatro horas, deve-se chamar o veterinário o mais rapidamente possível, e ele verá se é possível o nascimento vivo; não sendo, ele efetuará a fetotomia parcial ou total (extração em pedaços) ou até mesmo a cesariana, que pode ser feita de dois modos:

Abertura ventral lateral esquerda: é feita na vaca deitada em decúbito lateral direito, com os membros imobilizados (amarrar em sacos cheios de areia ou terra). É usada quando a vaca mãe fica mais em pé, quando está muito fraca e esgotada.

Abertura no flanco esquerdo: é feita na vaca, em pé, e é usada geralmente para extração de animais vivos, quando são muito desenvolvidos e de grande valor.

Atenção: ambas as intervenções devem ser feitas por veterinários. Na fetotomia, verificar se não ficaram ferimentos na vagina, no útero e na vulva. Fazer lavagens e medicar de modo idêntico à retenção da placenta.

APRESENTAÇÃO E POSIÇÕES DE FETOS

Chama-se apresentação do feto a maneira de ele penetrar a cavidade pelviana e posição, a situação do feto, designada pelas suas regiões e as da vaca.

Posições normais (Figuras 16 e 17)

O tempo para expulsão do feto varia de 15 a 25 minutos (até uma hora).

Quando o bezerro é muito grande, geralmente dificulta o parto, especialmente nas novilhas que ficam nervosas e fazem muitas contrações (forças) desordenadas, que as esgotam rapidamente. Nesses partos, algumas vezes haverá necessidade de ajudar ou intervir, pois o parto prolongado tende a esgotar a vaca. Deve-se aplicar-lhe uma injeção de oxitocina (Orastina, Placentina etc.). Após a recuperação da mãe e assim que ela iniciar os esforços para expulsar o bezerro, deve-se puxá-lo pelas mãos, suavemente, fazendo com que as trações coincidam com os

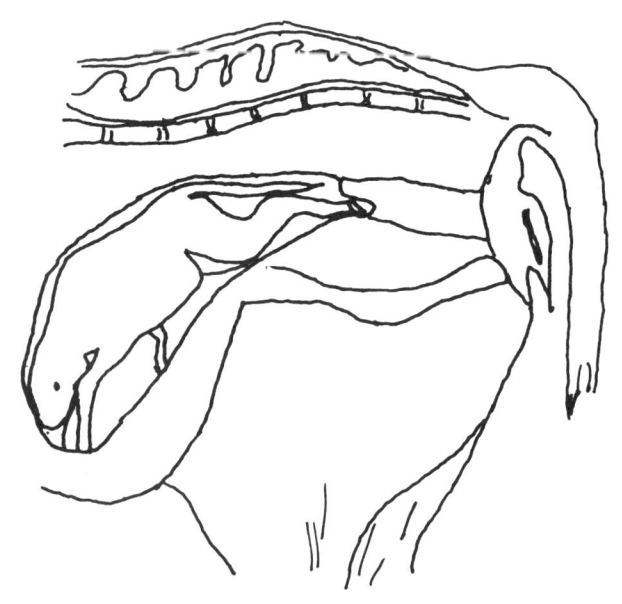

Figura 16 — *Apresentação posterior: posição do bezerro (lombo-sacra) no parto normal*

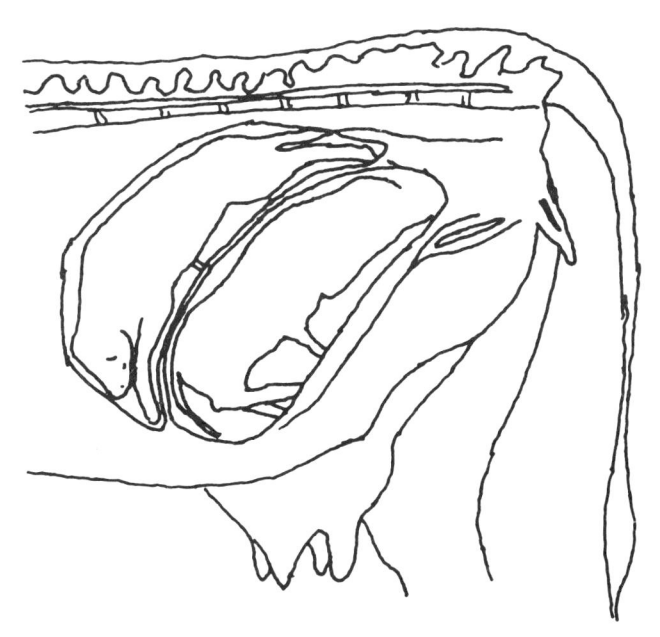

Figura 17 — *Gestação dupla, posição dos bezerros no momento do parto normal*

esforços da vaca. Nessas ocasiões, é preciso ter alguns conhecimentos para ajudar com eficiência, evitando a desumanidade (estupidez), como puxar o bezerro com trator, jipe ou junta de bois após amarrar a vaca a uma árvore, como já presenciei. Deve-se amarrar uma corda (ou corrente meio grossa) nos boletos (canelas); outra corda na cabeça e focinho (fazer cabresto) do bezerro, tomando-se o cuidado de não prender a placenta junto (Figuras 18 e 19). A tração (força) deverá ser feita desencontrada, no início para cima, logo a seguir para baixo, sintonizando esse procedimento com os esforços da vaca; a corda da cabeça deverá ficar firme, e deve-se usar no máximo três pessoas na tração da corda. Deve-se, ainda, procurar diminuir a largura da omoplata (peito) o mais possível, para facilitar a passagem pela bacia. Se for necessário, deve-se fazer episiotomia, isto é, cortar os lábios da vulva na parte superior (até em dois lugares, se necessário).

Qualquer outra posição é considerada anormal e poderá colocar a parturiente em dificuldade.

Partos distócicos — anormais — posições difíceis (Figura 20)

Para esses tipos de parto, usam-se diversos cabrestos e laços para a extração do feto.

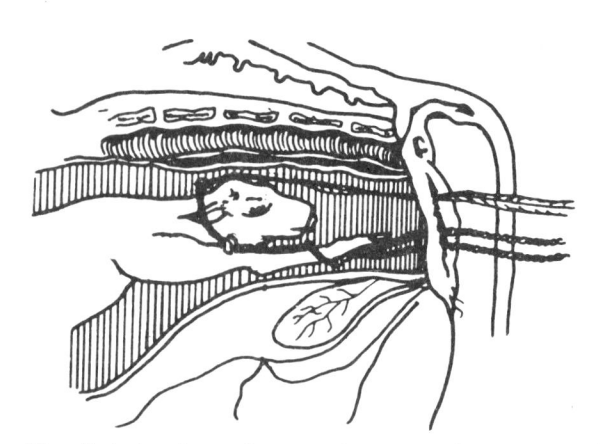

Figura 18 — *Modo de aplicar os laços na cabeça e nas mãos para a extração do feto*

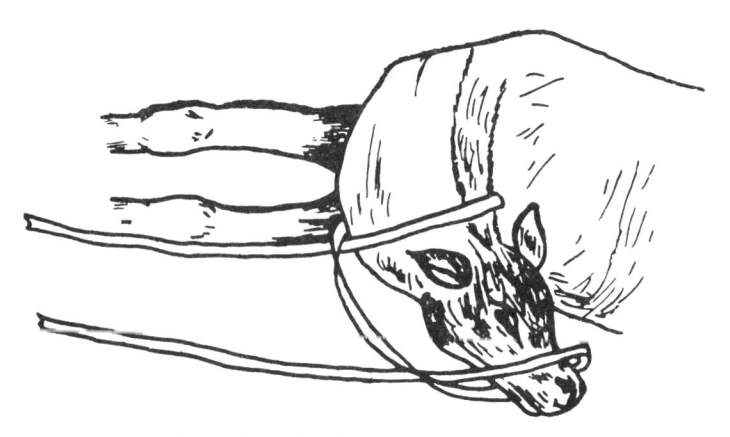

Figura 19 — *Modo de colocar o laço obstetrical na cabeça*

Geralmente, as posições difíceis estão agravadas por inchaços, gases, bezerro muito grande, ou o parto está avançado. O mais comum, então, é quando o bezerro já está morto há dias (muito inchado). Chamar urgentemente um veterinário, pois o trabalho não consiste apenas em extrair o bezerro, mas também em cuidar da vaca.

O ÚBERE

Nas vacas leiteiras, os alimentos digeridos e incorporados à corrente sangüínea são transportados através das artérias pelo bombeamento constante do coração, que atua como perfeita bomba de recalque,

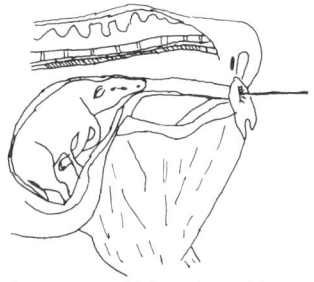

Apresentação anterior (vértebro-sacra), com posição viciosa das mãos. Parto difícil. Aplicar os laços nas mãos e cabeça, empurrar o feto e trazer as mãos, uma depois da outra, à posição normal antes de efetuar a extração.

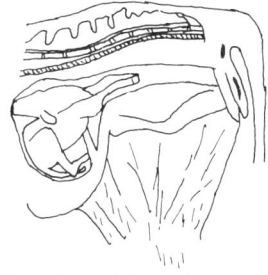

Apresentação anterior (vértebro-sacra), com cabeça virada para cima e para trás. Parto difícil. Aplicar os laços nas mãos e na cabeça, empurrar o feto e colocar a cabeça primeiro.

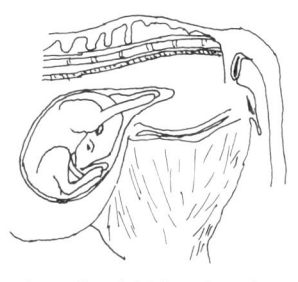

Apresentação anterior (vértebro-sacra), com cabeça voltada para o peito. Parto difícil. Aplicar os laços na cabeça e nas mãos, recuar o feto e trazer a cabeça à posição normal antes da extração.

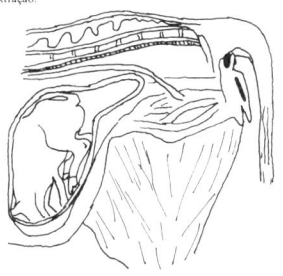

Apresentação posterior (lombo-sacra), com posição viciosa dos pés e cauda. Parto difícil. Primeiro tentar trazer os pés e a cauda à posição normal.

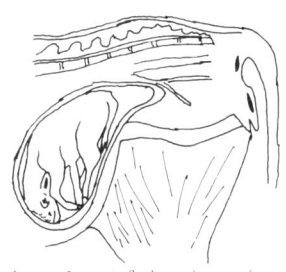

Apresentação posterior (lombo-sacra), com os pés e a cauda na posição normal.

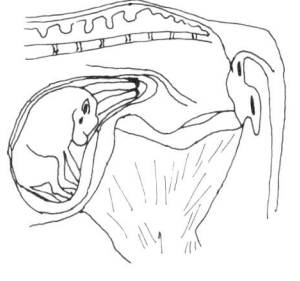

Apresentação anterior (vértebro-sacra), com posição viciosa da cabeça. Parto difícil. Recuar o feto e trazer a cabeça à posição normal antes da extração.

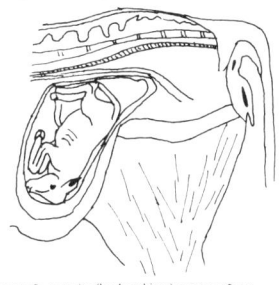

Apresentação posterior (lombopubiana), com as mãos e jarretes dobrados. Parto dificílimo. Tentar trazer os pés e a cauda para trás; em seguida, pela rotação, colocar o feto na posição correta.

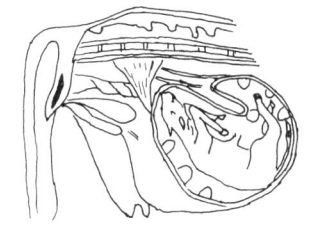

Apresentação anterior (dorsopubiana), com torção do útero. Parto dificílimo. Primeiro, tentar rolar a vaca em sentido contrário ao da torção e colocar as mãos em posição normal antes de efetuar a extração do feto.

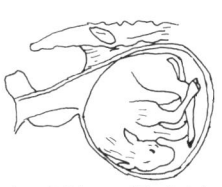

Apresentação transversal (dorsolombar). Parto dificílimo. Tentar, pela versão, transformar a posição do feto em longitudinal anterior.

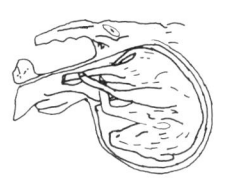

Apresentação transversal (esterno-abdominal). Parto dificílimo. Tentar a transformação em posição longitudinal posterior.

Figura 20 — *Partos difíceis*

fazendo o sangue passar pela textura do úbere. Este é formado por milhões de células microscópicas, chamadas *ácinos* (unidade de produção), agrupadas no interior dos alvéolos, chamados *lóbulos* ou *bulbos* (constituem as células mamárias). Essas células retiram do sangue os constituintes básicos necessários e os transformam em leite por canais cujo diâmetro mínimo vai aumentando até constituírem os *canais galactóforos*, que conduzem o leite aos reservatórios existentes na base das tetas, chamados *cisternas lácteas* ou *sínus*, de onde, através de tubinhos (pequenas grutas ou canais), o leite é enviado para o canal existente no centro de cada teta, de onde sairá sob pressão. O úbere compõe-se de quatro glândulas mamárias, isoladas entre si por uma delgada membrana que não deixa o leite passar de uma a outra, e são chamadas *quartos mamários* (Figura 21). Certos alimentos químicos como a água, que compõe 87% da formação do leite, passam através das células sem nenhuma alteração, enquanto outras substâncias são formadas nas próprias células, mediante modificações químicas de

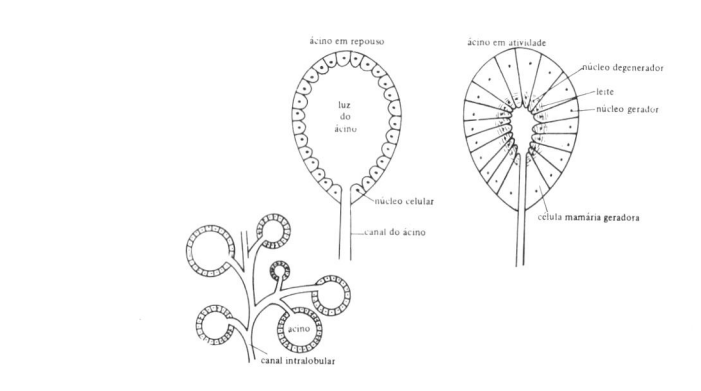

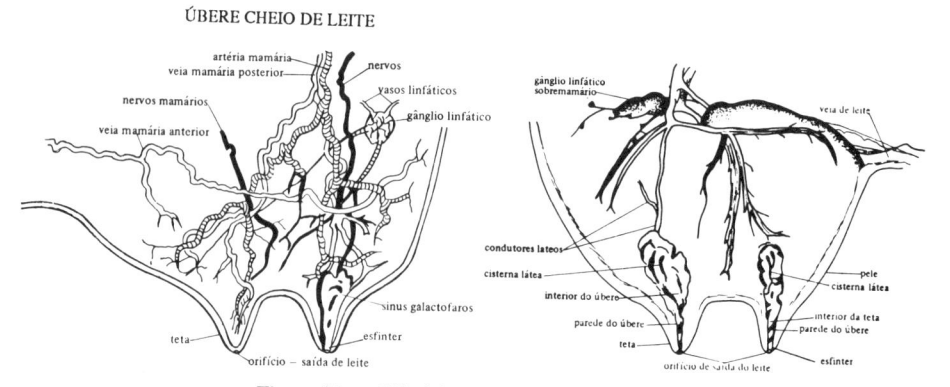

Figura 21 — *Glândula mamária — úbere de vaca*

matéria-prima recebida do sangue; dentre elas temos os aminoácidos (proteínas), que transformarão a caseína láctea e o açúcar do sangue (glicose) em lactose, que é o açúcar do leite (menos doce).

Para produzir um quilo de leite são necessários 400 kg de sangue, e, por essa razão, é necessário que a vaca leiteira tenha grande capacidade torácica para conter coração e pulmões bem desenvolvidos, pois são os órgãos fornecedores das matérias-primas necessárias à composição do leite. Quanto maior a irrigação do sangue demonstrada pelas veias mamárias externas que devem ser bastante volumosas e sinuosas, maior será a produção de leite. Sabemos que o sangue é formado por elementos fornecidos pelos alimentos ingeridos e, por essa razão, é necessário que a vaca leiteira tenha também grande capacidade digestiva (é barriguda) e órgãos perfeitos para uma completa assimilação. A progesterona estimula a multiplicação das células que secretam o leite, e o estrogênio estimula o desenvolvimento dos *ductos* que transportam o leite para os quartos mamários e tetas; o hormônio *prolactina* desenvolve o volume do úbere, que no final da gestação se acha congestionado, produzindo um líquido chamado *colostro,* que irá alimentar o bezerro nos primeiros dias, demorando de três a seis dias para se tornar leite limpo.

A secreção do leite se inicia após o parto e é um processo involuntário, contínuo, e provocado pelo hormônio chamado prolactina, secretado pela glândula hipófise (quando isso acontece, diz-se que "desceu o leite"), juntamente com outros hormônios produzidos pelas glândulas supra-renais e tireóide (adrenalina), e também por outro hormônio chamado *oxitocina,* proveniente da hipófise.

A vaca produz leite tanto acordada quanto dormindo e, como a descida do leite é psíquica, é necessário que ela tenha, durante a ordenha, bastante tranqüilidade e bem-estar. Deve-se evitar tudo o que provoque mal-estar, como gritos, pessoas estranhas, presença de cães, maus-tratos físicos (pontapés, murros, cordadas na barriga, cotoveladas nas costelas), para que ela não se assuste nem se amedronte, o que a fará ter um derrame do hormônio chamado *adrenalina* na corrente sangüínea, provocando a suspensão imediata do leite, conhecida por "escondeu o leite". Deve-se procurar favorecer a descida do leite por meio de estímulos nervosos bons que irão atuar na hipófise, aumentando a produção do hormônio prolactina (demonstrado externamente pelo ato de urinar e defecar nessa hora). Os estímulos bons são: alegria pelo filho (manifestada pela lambição), o barulho do vasilhame (pulsador da ordenha mecânica, baldes etc.), a presença do leiteiro conhecido (com quem a vaca está acostumada), o cheiro e o consumo de alimentos nessa hora, o som de música suave e massagem no úbere e tetas (ginástica funcional).

LACTAÇÃO

O leite, sendo um líquido orgânico, depende diretamente da nutrição, isto é, de alimentos e da raça, ambos sujeitos ao manejo. É um produto básico, natural, integral, obtido pela ordenha de vacas, que devem estar sadias para total aproveitamento. É um alimento que possui equilíbrio biológico, sendo, pois, completo. Assegura um bom desenvolvimento dos ossos e dentes, estimulando o crescimento dos animais em geral.

O leite chamado colostro é secretado nos primeiros dias após o parto; é muito rico em matéria seca, proteínas e sais minerais. É quinze vezes mais rico em vitaminas, tem ação laxante, expulsa o mecônio (espécie de fezes, massa esverdeada, escura) que evita a aderência das tripas; tem valor nutritivo elevado, contém antitoxinas, aglutininas, anticorpos e globulinas; seu valor energético é quase o dobro do leite normal, por isso protege o recém-nascido contra as primeiras infecções digestivas pelos seus efeitos dietéticos e antitóxicos.

No fim da lactação o leite é bem mais concentrado que no início, depois do parto, quando é de cor amarelo-parda, de aspecto pegajoso, sujo, de consistência heterogênea; tem cheiro característico, sabor rançoso, é levemente ácido e compõe-se de elementos esféricos, volumosos, que constituem corpúsculos de gordura no citoplasma juntamente com leucócitos e células epiteliais: no início da parição, contém grande teor de albumina e teor total de matéria seca, aumentando no final das 72 horas o teor de lactose e matéria gorda.

A lactação sofre modificações desde o início, após o parto, de acordo com a idade da vaca; ela aumenta até quinta e sexta crias, depois vai diminuindo; porém, é comum encontrarmos vacas de dez, doze e quatorze anos, com boa produção. Quando muito novas, as vacas têm a produção de leite diminuída, aumentando gradativamente; por isso, deve-se fazê-las parir com 33 meses, enxertá-las com 24 meses. O período de lactação é o tempo normal de produção de uma vaca após cada parto, diminuídos os cinco dias de colostro e os dias de descanso no final da lactação, que devem ser no mínimo de cinco semanas. A duração do período de lactação é maior nas raças mais leiteiras, sendo em média de 330 dias.

Existem vacas que podem produzir leite por mais de 24 meses;

porém, a produção será cada vez menor, não alcançando média anual e havendo ainda esgotamento prematuro da fêmea.

No final do período de lactação o leite fica velho, sua composição e aspecto assemelham-se ao do colostro, a proporção de sais minerais aumenta, tornando o sabor salino e amargo. A lactação sofre diminuição durante o cio porque, tornando-se agitadas, as vacas não comem direito, o leite fica com odor mais forte, a acidez tende a se elevar e ele coagula mais facilmente.

A castração de vacas aumenta o período de lactação, mas é pouco praticada.

O aborto prejudica a produção e a qualidade do leite; a gestação interfere também na lactação; quando prematura (trinta dias depois), é prejudicial e, quando tardia (150 dias), benéfica.

Vacas magras por ocasião do parto dão geralmente menos leite.

As condições do meio exercem influência sobre a lactação. Nas regiões de clima úmido a temperatura é amena e as vacas dão mais leite; na época das chuvas o leite aumenta (entre dezembro e março), porque as vacas se alimentam melhor com o pasto verde; essa influência do tempo sobre a lactação também se revela quando sopram ventos frios e secos do sul, fazendo-a diminuir, pela perda de calorias; ela diminui também quando há valor excessivo, pois o ar fica seco e quente e os animais não pastam nem ruminam suficientemente.

Costuma-se deixar no estábulo as grandes produtoras; no entanto, elas devem andar nos pastos, ao ar livre, diariamente, pelo menos durante duas horas, exceto se houver mau tempo.

A ginástica dos órgãos mamários das vacas é de grande importância para o desenvolvimento normal da aptidão leiteira (principalmente nas novilhas). Deve-se habituar as novilhas prenhes, pouco antes do parto, a permanecerem presas e submetê-las a massagens no úbere, feitas delicadamente, em sentido circular de baixo para cima, terminando com os movimentos normais da ordenha. A finalidade dessas massagens é robustecer as fibras musculares dos órgãos mamários, para que formem úberes soltos, os quais, quando vazios, devem perder o volume e apenas apresentar pregas conhecidas pelos leiteiros como pelancas, correama ou saco de leite. Portanto, não devem nunca ser *carnudos*.

O trato das vacas influi na saúde: se a pele é limpa, os pêlos são luzidios e macios, a respiração cutânea torna-se mais fácil, desaparecem as coceiras, o apetite e o bem-estar aumentam e, como conseqüência, é melhorada a produção de leite.

Quando não há asseio no estábulo ou ele é insalubre, as vacas produzem menos leite e de qualidade inferior; toda e qualquer doença no úbere ou infecções nas vacas diminui e altera a qualidade do leite.

Os purgantes salinos diminuem a lactação, bem como os iodetos, os brometos, os clorais, a beladona etc.

ORDENHA

É o processo de se esvaziar completamente o úbere da vaca e deve ser realizado com cuidado para que ela não sinta a menor dor nem sensação desagradável. Para que isto ocorra, são necessárias certa habilidade, prática e paciência, sobretudo com as vacas de primeira cria (novilhas), pois estão geralmente amedrontadas, nervosas e com o úbere dolorido.

É preciso preparar a vaca para "soltar o leite", facilitando a ordenha. Durante esse processo, a *mulsão* ou *massagem* do úbere com a mão ou o ato de amamentar o bezerro são ações que provocam uma verdadeira excitação do úbere, estimulando seus nervos e os das tetas; esses nervos transmitem uma mensagem ao cérebro, que faz os vasos se dilatarem e o sangue estimular as fibras dos músculos locais que, por sua vez, empurram a secreção, agora abundante, para as cisternas lácteas (sínus) e daí para os quartos mamários e, a seguir, para as partes inferiores do úbere, enchendo os canais excretores chamados tetas, que ficam turgescentes (grossos) (Figura 22).

Quando a vaca é bem estimulada com lavagem do úbere e tetas, em seguida secada com pano seco e limpo ou ao ouvir o som do pulsador da máquina de ordenhar em funcionamento, o ruído dos baldes de ordenhar, do alimento no cocho, sons musicais agradáveis associados com a ordenha ou, finalmente, sentir a presença dos bezerrinhos, ela força a descida do leite, demonstrando isso de modo inequívoco: nessa hora, ela urina e defeca.

Pode ocorrer o contrário, isto é, "esconder o leite", que é a dificuldade para a descida do leite com a diminuição de até 10% da produção, quando a vaca é perturbada por excitação, susto ou dor; por muita chuva, pela ingestão de água fria, por ventos gelados ou encanados, barulhos e pessoas estranhas, mudanças no lugar ou de estábulo e de leiteiro e, ainda, devido à dor nas tetas (verrugas ou rachadas), picada de moscas e medo de cachorro, tudo isso dificulta a ordenha.

A ordenha deve ser feita no momento em que os pequenos músculos do úbere sofrem, portanto, o maior estímulo, num período constante de 5 a 6 minutos; logo após amarrar as pernas e a cauda, efetuar a

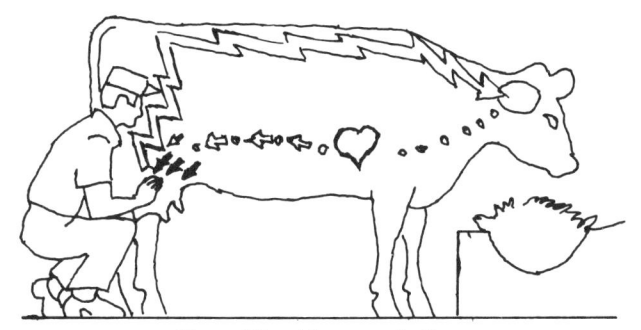

Figura 22 — *Massagem do úbere*

preparação que consiste na desinfecção do úbere com uma lavagem de água corrente ou então passa-se uma toalha plástica molhada num desinfetante neutro, inodoro e antisséptico (três colheres de sopa de hipoclorito de sódio em 10 l de água ou ácido bórico), e numa massagem realizada enquanto se efetua a secagem com uma toalha de papel descartável.

Se o úbere estiver muito sujo, deverá ser bem lavado com água limpa, lembrando-se de que a rotina de preparação deve ser a mesma, independentemente se a ordenha for à mão ou à máquina; esta, aliás, vai apenas substituir as mãos do homem para a ordenha em si. A seguir, deve ser feita uma pré-ordenha manual em uma caneca, cuja tampa é uma peneirinha preta através da qual passarão os primeiros jorros de leite de cada teta a fim de se verificar sua aparência (teste de mamite); o aparecimento de flocos ou grumos (pelotinhos) de caseína é sintoma de mamite, e este animal deverá ser afastado dos outros; não se deverá tirar o leite nesse momento; ele será deixado por último e, após a ordenha, será medicado para impedir a proliferação de germes (nunca jogar aquele leite no chão). A pré-limpeza, juntamente com a desinfecção do úbere, deve ser feita pelo auxiliar (futuro leiteiro), o que contribui para uma estimulação completa.

O modo de ordenhar exerce notável influência sobre a secreção láctea; da boa execução, medíocre ou má da ordenha depende em grande parte a própria rentabilidade da produção leiteira e da qualidade do produto obtido (ácido ou sujo).

A escolha do leiteiro ou ordenhador deve ser rigorosa. Deve-se procurar pessoas prudentes, asseadas por natureza, conscientes e práticas, que conheçam o ofício (ou então deve-se ensiná-los). É nas mãos do ordenhador que fica boa parte dos lucros ou perdas do estábulo, pois do modo que ele executar a ginástica do úbere e tetas diariamente durante a ordenha dependerá seu desenvolvimento e funcionamento; o ordenhador pode melhorar uma vaca fraca, mas pode estragar completamente uma vaca boa. A ordenha deve ser efetuada sempre à mesma hora, mantendo-se sempre o mesmo espaço de horas entre elas; para vacas de grande produção e para as novilhas, é aconselhável se efetuar três ordenhas diárias, obtendo-se um aumento de 20% na produção, pelo menos durante 120 dias, passando depois para duas ordenhas diárias.

São três os tipos de ordenha:

1) Ordenha pelo *processo natural*, feita pelo bezerro, que abocanha a teta e vence a resistência do músculo e abre o canal com os movimentos da língua e da boca. A ação de mamar cria um vácuo ao mesmo tempo em que aplica uma pressão em torno da teta (Figura 23).

2) Ordenha pelo *processo manual*, feita pelo homem, que deve segurar a teta com a mão inteira, procurar tirar o leite com movimento de abrir e fechar os dedos, sem balançar a mão e o braço, que devem permanecer parados, semelhante à sucção que o bezerro faz quando está mamando; o tranco, ou movimento brusco, pode ocasionar descida de sangue no canal da teta (Figura 23).

3) Ordenha *mecânica*, feita com o auxílio de máquina especializada (chamada ordenhadeira mecânica), que irá substituir apenas as mãos do ordenhador, devendo, para isso, ser regulada a pressão do vácuo (sucção das teteiras) de maneira que se aproxime o mais possível da mamada do bezerro. A economia da mão-de-obra é em torno de um terço, sendo o produto mais puro, sem acidez, sem estresse ou acidentes, pois a ordenha é sempre igual, com mais presteza e higiene, não

Figura 23 — *Ordenha: a) processo natural; b) processo manual*

havendo diferença de pressão como pode ocorrer pelo cansaço do ordenhador manual.

Ordenha manual

A ordenha manual pode ser feita de diversas maneiras, mas quase todos os métodos têm a mesma técnica.

Para se obter uma ordenha eficaz, o ordenhador deve segurar a teta com a mão inteira; a seguir, apertar a parte superior com os dedos polegar e indicador, fechando a abertura, que vai da cavidade do úbere à teta, retendo uma pequena quantidade de leite na teta (1); a seguir, apertar a teta de cima para baixo com os dedos e a palma da mão em seqüência, de modo que a pressão force o leite para fora, através do canal da teta (2-3-4); esvaziada a teta, interrompe-se a pressão do polegar e indicador, deixando-se o leite fluir da cavidade (cisterna) do úbere para a teta novamente; esse movimento consiste em abrir e fechar os dedos compassadamente, enquanto houver leite, sem, entretanto, sacudir o braço e a mão para imitar a sucção que o bezerro faz quando está mamando. O melhor processo de ordenha manual é o *processo suíço* ou *em diagonal*, que consiste em se esvaziar as tetas com as duas mãos, sendo uma teta direita anterior (da frente) e uma esquerda posterior (de trás), cruzada; o leite é extraído simultaneamente ou sucessivamente de modo mais rápido, obtendo-se mais leite mais rico em gordura, porque se efetua uma melhor ginástica do úbere.

Cada ordenhador deve tirar o leite de um número certo de vacas diariamente (em média vinte vacas comuns por hora), começando sempre pelas vacas que tenham ordenha mais firme (dura).

Depois de ordenhado, o canal da teta permanece aberto por 15 a 30 minutos; por isso, terminada a ordenha, deve-se efetuar a desinfecção das tetas com um antisséptico iodado, mergulhando-as num vidro de boca larga com uma solução (não é preciso enxugar), que pode ser composta de:

Iodo metálico	15 g
Iodeto de potássio	15 g
Glicerina líquida	500 ml
Água destilada	4,470 ml

Tal procedimento ajuda a manter a pele das tetas suave, além de afastar o perigo de infecção quando o canal da teta permanece aberto após a **ordenha**. As tetas devem ser desinfectadas uma vez por dia, também **durante** os períodos em que não se produz leite (Figura 24).

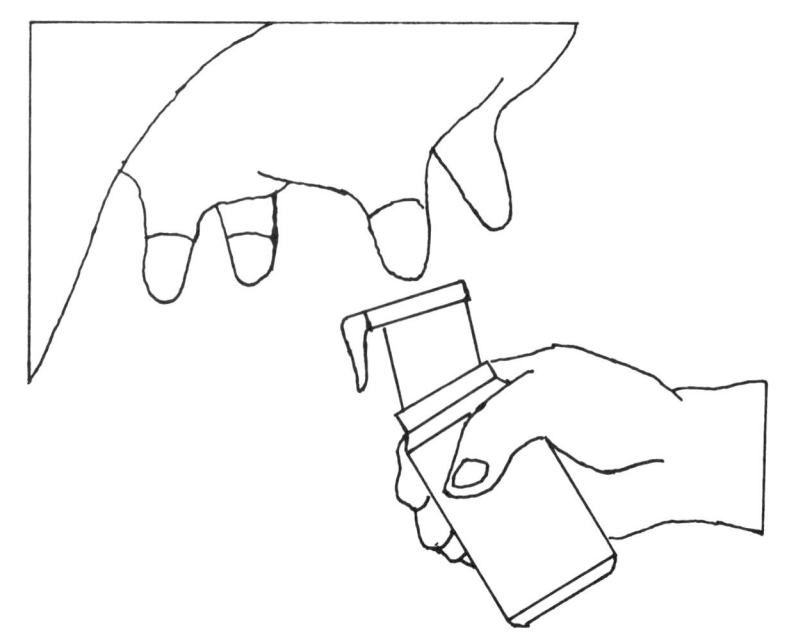

Figura 24 — *Desinfecção da ordenha*

Também as novilhas devem receber o mesmo tratamento nos últimos dois meses antes de parir.

Ordenha mecânica

A dificuldade de se encontrar bons profissionais leiteiros, agravada pelas exigências trabalhistas e também pelas falhas humanas (doenças, pingaiada, ressaca, sono etc.), tem feito com que se usem as ordenhadeiras mecânicas, que, embora sejam de alto custo no início, pagam-se com a economia de tempo e maior lucro com o produto, em pouco tempo de serviço. A máquina, além da regularidade, não maltrata as tetas, havendo até certas raças de animais que aumentam de 5 a 10% no leite e no teor de gordura, aumentando também o rendimento do trabalho, pois o mesmo operador pode ordenhar três vacas por vez com a mesma eficiência.

As ordenhadeiras modernas utilizam o vácuo para vencer a força que fecha o músculo em torno do canal da teta. A ação da ordenha mecânica é produzida por um copo de ordenha metálico e revestido de borracha especial com duas câmaras para a teta. A câmara dentro do insuflador, sob a extremidade da teta, é submetida a vácuo contínuo, enquanto o copo é colocado na teta. É esse vácuo que abre o canal da teta deixando o leite fluir, ao mesmo tempo que mantém o copo de ordenha preso à teta.

A câmara de pulsação é o local onde o vácuo e o ar, um após o outro, são bombeados para dentro do espaço aberto formado entre o insuflador de borracha e o copo metálico. O pulsador cria a ação de massagem. Quando o pulsador admite ar no interior da câmara, o insuflador de borracha comprime a teta, massageando-a; quando o ar da câmara de pulsação é suspenso, o insuflador de borracha novamente expande-se, voltando à forma original com um movimento bastante semelhante ao movimento de massagem e mamada do bezerro (Figura 25).

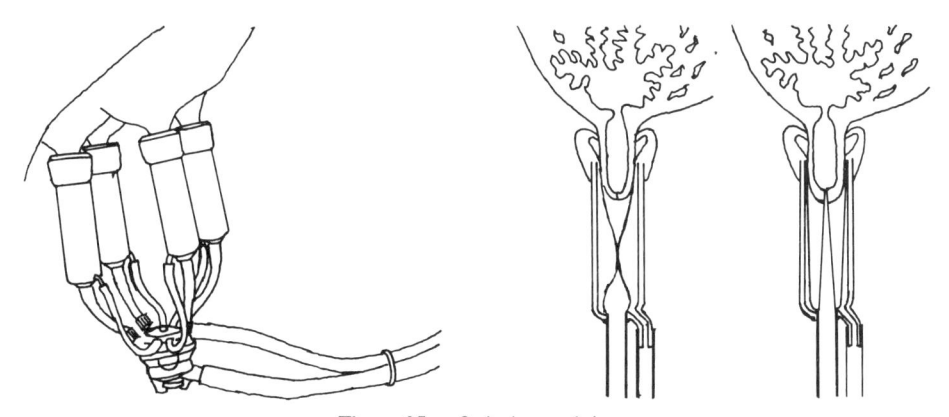

Figura 25 — *Ordenha mecânica*

A forma das teteiras da ordenhadeira explora e usa os reflexos e reações naturais do animal, sendo apenas necessário dar tempo para que se acostume; a ordenhadeira funciona em todos os animais que estão em produção, podendo ser colocada também nos animais acostumados a dar leite com o bezerro ao pé, amarrado em frente da vaca.

Colocação do conjunto

Toma-se a unidade de ordenha na mão que está mais próxima da cabeça da vaca. Solta-se a válvula e coloca-se a primeira teteira de ordenha na teta mais distante. O tubo de leite deve ser suspenso formando um S para impedir entrada de ar no sistema. É necessário fazer esses movimentos o mais rápido possível (Figura 26).

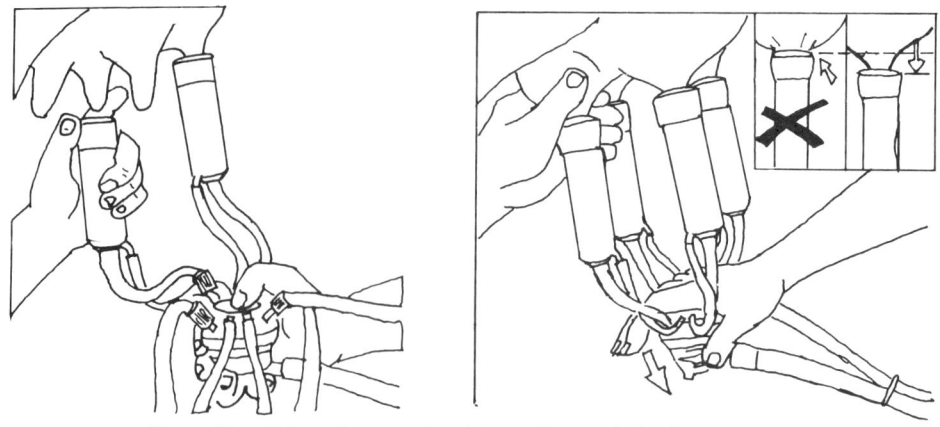

Figura 26 — *Colocação das teteiras (a) e verificação do funcionamento (b)*

Remoção das teteiras

As teteiras podem ser retiradas depois que o fluxo de leite tenha terminado. A válvula de fechamento é fechada, deixando entrar ar entre a teta e o insuflador, isso libera a unidade. Não se esquecer de verificar se o úbere foi totalmente ordenhado (1) antes da remoção da unidade (2) (Figura 27). Restos de leite deixado no úbere podem causar mastite.

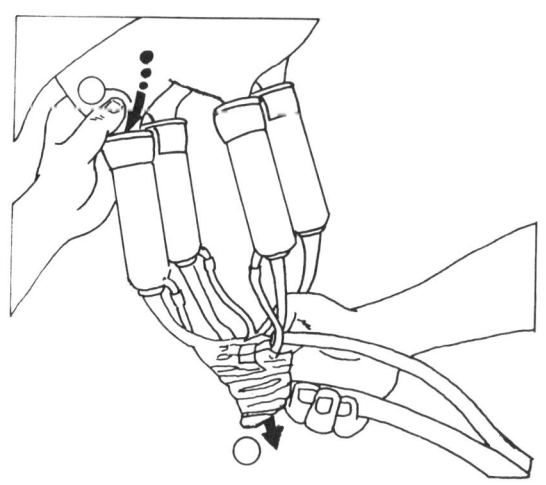

Figura 27 — *Como retirar as teteiras*

Verificação de funcionamento

Deve-se ter cuidado para não deixar os copos de ordenha subirem para a base da teta. Pode-se puxar levemente o conjunto para baixo com a mão por alguns segundos, antes de ser retirado. A ordenha deve ser feita com a maior rapidez possível e não se deve massagear o úbere para retirar a última gota. Exige um repasse rápido logo após a tirada das teteiras, para evitar mamite nas tetas traseiras de algumas vacas quando formam saco, retendo 15% de leite. Somente se deve ordenhar manualmente uma vaca após esse estágio se ela estiver doente. Se o animal estranhar a colocação de teteiras e ficar inquieto, deve-se retirá-las e recolocá-las uns 20 minutos depois. A ordenha mecânica deve terminar quando o fluxo do leite no visor diminuir; nunca se deve insistir, pois o animal poderá ficar refratário a esse tipo de ordenha, vindo a criar problema no manejo.

Sistemas de ordenha mecânica

Podem ser:
a) *Balde ao pé:* duas vacas por vez;
b) *Leite canalizado:* usado no transporte direto do leite do estábulo ou sala de ordenha para a sala de leite;
c) *Ordenhadeira móvel:* a motor, para 15 vacas em ranchos, galpões e onde não há eletricidade (Figura 28).

Recomendações

Deve-se observar constantemente na ordenha mecânica:
1) A regulagem do vácuo, que não deve ser muito forte.
2) A freqüência das pulsações do pulsador, que não devem ser muito rápidas.
3) O desgaste dos insufladores de borracha do interior das teteiras. Devem ser trocados de seis em seis meses (no máximo anualmente).
4) A regulagem do ritmo da pulsação e o excesso de vácuo.

Para uma boa ordenha mecânica, o equipamento deve funcionar dentro de certas normas e padrões, a começar pela instalação, manutenção e higiene.

Bomba de vácuo

Existem vários tipos e capacidades, devendo-se comprar de acordo com a quantidade de conjuntos de ordenha que se pretende e pelo tipo de instalação escolhido: balde ao pé (fixa ou móvel), leite canalizado (*piper line*) ou sala de ordenha (linha alta ou baixa).

É muito comum comprar-se bombas pequenas (por economia) em relação ao número de conjuntos e produção de vácuo da bomba,

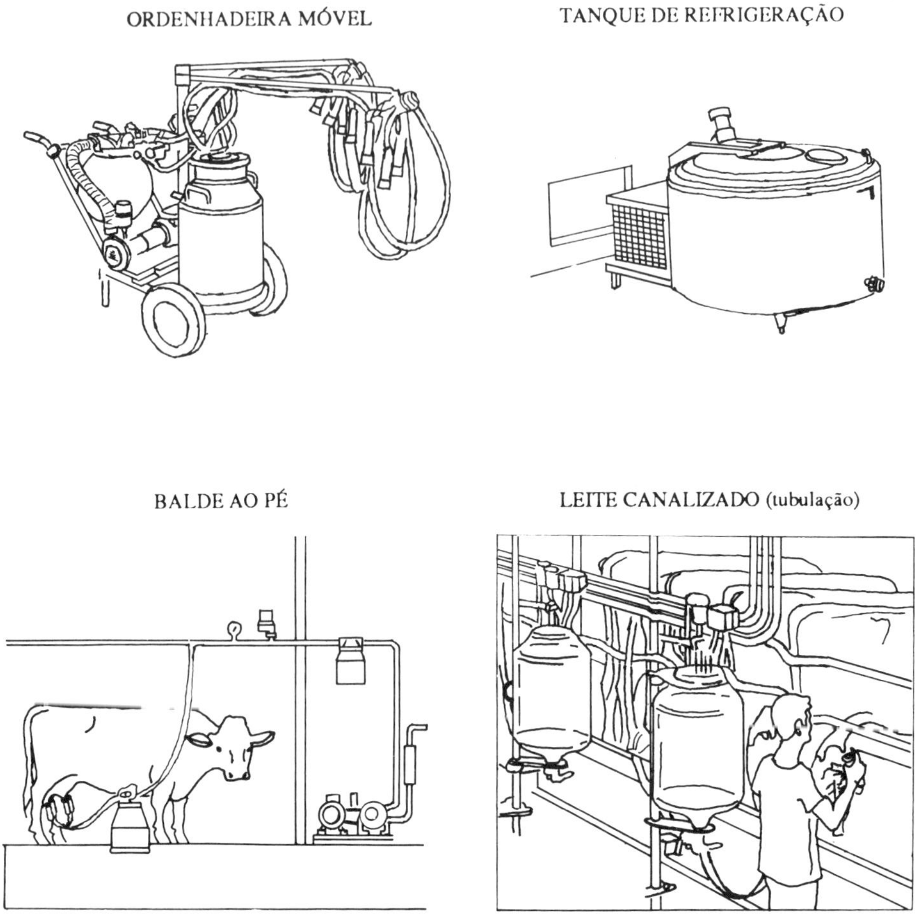

ORDENHADEIRA MÓVEL   TANQUE DE REFRIGERAÇÃO

BALDE AO PÉ   LEITE CANALIZADO (tubulação)

Figura 28 — *Sistemas de ordenha*

acarretando problemas como mastite (muito comum), além de demorar mais tempo a ordenha com diminuição da produção.

Para uma ordenhadeira com quatro conjuntos, tipo balde ao pé (a mais comum), necessitamos de uma bomba que produza no mínimo 290 litros de vácuo por minuto, nunca menos que isto (ver tabela seguinte).

Quantidades de conjuntos de ordenha	Vazão mínima *l*/min para instalação balde ao pé	Vazão mínima *l*/min para leite canalizado e salas de ordenha
2	170	270
3	230	330
4	290	390
6	410	510
8	530	630

Vacuômetro ou relógio

Este aparelho deve dar a indicação da altura do vácuo durante a ordenha, dependendo do tipo de instalação escolhida; por isso, deve ficar instalado ao alcance da visão constante do ordenhador durante o trabalho da ordenha. A altura do vácuo deve ser de 33 a 38 cmHg e controlado duas vezes por ano por um vacuômetro de teste para ver se o funcionamento está correto.

Regulador a vácuo

Deve ser instalado logo após o depósito sanitário e serve para manter o vácuo a uma altura constante durante a ordenha; sua limpeza é muito importante e simples, devendo ser freqüente, isto é, uma vez a cada quinze dias ou mensal. Deve ser lavado com água limpa e sabão de pedra, sem usar bombril, palha de aço ou qualquer material que risque as peças do regulador.
Existem dois tipos de reguladores:
1) De mola e peso: possui boa capacidade, é muito bom e permite a regulagem do vácuo necessário para cada tipo de instalação.
2) De peso: não permite a regulagem e já vem regulado com 375 cmHg.

O regulador de mola não é indicado, porque se desregula com freqüência, sendo de curta duração.

Canos de vácuo

O diâmetro do encanamento de vácuo está relacionado com a capacidade da bomba e o comprimento do encanamento.

O diâmetro interno é fundamental para o bom funcionamento da bomba, devendo-se manter bem limpa a tubulação de vácuo, pois a sujeira diminui a reserva de vácuo da instalação (ver tabela seguinte).

Os canos de vácuo devem ser o mais retos possível, com um declive de 1%, equipado com válvula de drenagem ou torneira de rubinete para drenar o restante da água de lavagem. Devem ser lavados imediatamente após ter entrado leite ou mensalmente sem falta (obrigatoriamente).

A solução para lavagem deve conter 2 colheres de carbonato de sódio para 10 litros de água morna. Após passar esta água com solução, deixar escorrer somente água até esta sair limpa.

Diâmetro e vazão dos canos de vácuo

Vácuo (litro/minuto)	Diâmetro mínimo do cano
300	25 mm (1")
300-600	32 mm (1 1/4")
600-1.000	38 mm (1 1/2")
1.000	51 mm (2")

Pulsadores

É fundamental que cada tipo de pulsador dê as quantias certas de pulsações. Aumentando-se o número de pulsações não aumenta a capacidade de ordenha (ver tabela seguinte).

Existem diversos tipos de pulsadores.

Os pulsadores devem ser limpos e lubrificados uma vez por mês, devendo-se tomar cuidado para não danificar as peças durante essa limpeza.

Sistema de pulsador	Número de pulsação	Vácuo cmHg
60:40	48 - 52	36 - 38
75:25	58 - 50	34 - 36

TÉCNICA PARA SECAGEM DAS VACAS LEITEIRAS

Quando as vacas não secam o leite sozinhas, continuando a produzir poucos litros, o que normalmente não compensa pela mão-de-obra que exige além de atrasar o retorno de nova parição, ou quando, por qualquer motivo, for necessário secar o leite de alguma vaca, deve-se tirar toda a alimentação suplementar e no:

1º dia: ordenhar normalmente pela manhã e à tarde. Deixar a vaca presa no curral durante a noite, sem lhe dar água nem alimento.

2º dia: ordenhar normalmente pela manhã, fornecendo água para a vaca; à tarde, não ordenhar, mas dar água e algum alimento. Deixar a vaca presa durante a noite.

3º dia: não ordenhar; dar um pouco de água e algum alimento e deixar a vaca presa durante a noite.

4º dia: ordenhar pela manhã e soltar no pasto. Se o úbere estiver ou ficar inchado, deve-se deixar o animal preso por mais uma noite (é difícil precisar).

Outra técnica

1) Deixar de ordenhar por dois dias. No terceiro dia, ordenhar uma só vez, parar mais dois dias e, no dia seguinte, tirar pela última vez.

2) Quando a vaca ainda insistir em produzir leite, se não estiver muito adiantada de gestação (até seis meses), pode-se dar um purgante salino (de 300 a 500 g em água).

3) Aplicar diariamente sobre o úbere da vaca pomada de beladona canforada ou óleo de mamona bem quente.

4) Mergulhar totalmente as tetas numa solução iodada e aplicar uma injeção de antibiótico (Anamastit S) antes de soltar a vaca no pasto.

5) Deixar o úbere trinta dias em repouso, no mínimo, para os músculos poderem descansar e ter condições de vir com maior intensidade no período seguinte.

Desse modo as substâncias nutritivas que forem ingeridas serão usadas no desenvolvimento do feto em vez de serem canalizadas para a formação do leite.

Isso permitirá a recuperação da vaca, porque suas reservas orgânicas estão geralmente esgotadas pela lactação atual.

As vacas devem estar meio gordas na hora de parir, para proporcionarem maior rendimento na lactação futura. Para que isso ocorra quando as vacas estão magras, é necessário que fiquem mais tempo em repouso.

Durante três a seis semanas depois do parto, é comum as vacas perderem peso, porque não conseguem aproveitar totalmente os alimentos que ingerem: ainda estão se recuperando do período de prenhez, precisam produzir leite para o bezerro e ainda manter o peso, por isso usarão a reserva adquirida enquanto estavam secas, gestando.

Às vezes, no final da gestação, o úbere incha demais. Nesse caso, deve-se reduzir a ração do animal, extrair um pouco de leite. Evitar excesso de alimentação depois do parto.

MANEJO

Toda pessoa que for lidar com animais, sejam eles de cria, ou produtores de leite, deve ser calma, ter um controle perfeito de si para efetuar com perfeição o manejo do animal, usando de prudência para não se acidentar nem acidentar o animal. Lidar com tensão e nervosismo só poderá prejudicar a ambos, e isso ocorre por falta de conhecimentos rudimentares, por medo deles, por gritos, pelo uso de roupas de cores muito vivas, assustando ou amedrontando-os e deixando-os nervosos, o que pode provocar reações perigosas para ambos.

Manejo significa conjunto, e o bovino leiteiro habitua-se facilmente a ele. Qualquer alteração nessa rotina produz estresse; assim, deve-se evitar a troca de manejo, de pessoas e de alimentação, para evitar queda de produção.

HIGIENE

É um conjunto de meios que permite se obter o máximo proveito no menor tempo e com um mínimo de despesas; deve ser observada, praticada com inteligência e com grande rigor, tanto para prevenir como em combater as moléstias.

A boa higiene estabelece e mantém o equilíbrio dos órgãos em geral, proporcionando saúde, vigor e aptidão do animal para produzir e fazer prosperar a espécie. Deve existir em todos os lugares onde os animais permaneçam. Deve-se, pois, prevenir para não precisar curar.

Higiene das vacas leiteiras

A saúde e a limpeza corporal da vaca leiteira são importantes para que ela produza um leite higiênico, limpo e são. A profilaxia das doenças e a higiene do couro do animal devem ser constantes.

As vacas que apresentam qualquer inflamação ou sejam portadoras de verrugas no úbere ou tetas devem ser ordenhadas depois de todas as sãs, nunca antes, para não disseminar a doença nas outras. A mamite, doença tão disseminada e conhecida, de fácil transmissão pelas mãos do ordenhador, não tem tido os cuidados que exige, razão pela qual pode-se dizer que em todo rebanho leiteiro sempre há alguma vaca com essa doença. As vacas em produção devem ser raspadas e escovadas enquanto estão comendo, aguardando a ordenha, para ficarem livres de carrapatos, de bernes, limpas de lamas ou de fezes secas grudadas, de pêlos ou escamas de pele soltos, que podem cair no leite na hora da ordenha. Deve-se acostumar os empregados a observarem esse procedimento.

O ordenhador nunca deve cuspir no chão ou jogar o leite que não estiver bom (colostro ou pus) no piso. Não deve cuspir na mão nem molhar o dedo na espuma do leite na hora de ordenhar, assim como não deve passar a vassoura do rabo nas tetas da vaca, para secá-las.

As tetas devem ser lavadas com água corrente e sabão neutro (de coco) e, em seguida, passa-se um pano molhado com uma solução antisséptica, enxugando-se bem com um pano individual; desse modo, evita-se que as tetas esquentem com o atrito da mão do ordenhador, que pode infeccioná-las. Terminada a ordenha, como já foi dito, deve-se mergulhar as tetas dentro de um pequeno vidro com uma solução desinfetante. Ao mesmo tempo em que evita a rachadura dos bicos, obstrui a entrada deles.

Usar 25 g de iodo metálico, 15 g de iodeto de potássio, 500 ml de glicerina e 4,5 l de água. Existem produtos prontos no comércio ou pode-se mandar preparar em qualquer farmácia.

Solução antisséptica: colocar num garrafão de 5 l: 150 g de ácido bórico em 5 l de água fervida e deixada esfriar; ou 2,5 g de hipoclorito de cálcio em 5 l de água limpa.

Higiene do inseminador-ordenhador

Não basta que apenas o lugar seja seco, claro, limpo e arejado para se obter um leite higiênico ou ter sucesso na execução da inseminação artificial. É muito importante que também o empregado (inseminador-ordenhador) seja uma pessoa saudável, tenha hábitos e costumes de higiene consigo mesmo, com as próprias roupas, na manipulação do leite e com os objetos que usar.

O leite pode ser contaminado direta ou indiretamente pelas pessoas e objetos usados; indivíduos doentes, gripados (espirrando), com lesões ou manchas no corpo (nas mãos) não devem trabalhar nesse tipo de serviço, pois contaminam o leite, o que, além de ser nocivo à saúde do consumidor, prejudica a qualidade e conservação do produto, podendo inutilizá-lo e provocar prejuízo ao proprietário.

Deste modo, vemos que o inseminador-ordenhador precisa ser uma pessoa asseada e sadia; deve ter as unhas aparadas, limpas, as mãos e braços limpos, lavados com sabão, deve usar roupa limpa e, durante o trabalho, usar gorro, avental ou macacão, não fumar nem desempenhar nesse momento nenhuma outra função.

Higiene dos utensílios

Não basta só a higiene nos animais e nos empregados. Ela deve estar em todos os objetos usados diariamente, tanto no serviço de leite, como na inseminação e na alimentação dos animais. A ação do ácido lático, a oxidação e a infecção aparecem com violência quando não há higiene completa.

A limpeza deve ser seguida de esterilização com água quente (vapor) ou com fogo rápido (flambagem) e desinfetantes.

Todas as seringas e agulhas usadas devem ser lavadas, desentupidas e guardadas secas.

III

Noções Para Reprodução, Cria e Saúde de Bovinos Leiteiros

O objetivo primordial de um programa correto de reprodução é a obtenção de um bezerro e uma lactação completa por ano.

O melhoramento da capacidade produtiva do rebanho depende:

a) da seleção dos animais, hoje facilmente conseguida por meio da inseminação artificial (com touros é muito mais difícil);

b) de um programa nutritivo, efetuado por uma alimentação correta;

c) do manejo técnico, que deve ser racional e de execução prática;

d) de instalações econômicas, que devem ser funcionais;

e) da escrituração do empreendimento, para controlar e poder modificar anualmente, evitando-se prejuízos;

f) do controle sanitário, preventivo e rigoroso.

Assim, para melhorar a produtividade, nem sempre é necessário fazer maiores gastos; basta trocar de lugar, de manejo e selecionar o que se possui. Na maioria das propriedades, aumentar a rentabilidade ou deixar de ser deficitária não se consegue com o aumento do número de animais de baixo valor zootécnico, mas sim com a diminuição da lotação, conservando-se sempre os melhores animais e dando-lhes condições racionais e econômicas para produzirem.

Uma alimentação apropriada, racional, é fundamental para a eficiência reprodutiva; a maior produtividade não está somente na dependência do alimento fornecido, mas também na maneira de fornecê-lo, constituindo um sistema de arraçoamento que nem sempre recebe o cuidado que merece.

O manejo deve ser racional para melhor atender ao objetivo econômico da produção comercial de leite, uma cria por ano, partos anuais com lactação de trezentos dias no mínimo.

A eficiência reprodutiva do rebanho leiteiro depende principalmente de dois fatores:

1) *Intervalo entre os partos das vacas*: isso ocorre quando a vaca está bem nutrida no final da gestação, chega ao parto em bom estado de saúde, terá boa produção de leite e cios regulares, ficando fecundada em seguida e não ultrapassando de doze a treze meses o intervalo entre os partos. Quanto menor o período entre as parições, mais rapidamente a produção do animal será incorporada, aumentando a produção do rebanho. Um intervalo de doze meses entre partos, considerado o ideal, compreende um período de dez meses de produção mais dois meses de descanso necessário à vaca antes do parto; um intervalo prolongado entre partos também vai acarretar menor número de animais de reposição, o que compromete o programa de seleção da propriedade.

Quando há baixa eficiência reprodutiva é necessária a compra de animais para reposição, o que compromete ainda mais a eficiência econômica da propriedade. Uma vaca leiteira só pode ficar vazia pelo período máximo de cem dias, com intervalo entre partos de treze meses. Nos rebanhos brasileiros, esse intervalo supera dezoito meses.

2) *Idade do primeiro parto nas novilhas*: a estimativa do desenvolvimento ponderal das bezerras deve ser feita com a medição do diâmetro do perímetro torácico com uma fita métrica, logo atrás dos membros dianteiros, onde há uma depressão, verificando-se, em seguida, a equivalência do peso vivo.

Desse modo, o criador pode adotar ou modificar mensalmente o manejo para que as bezerras cheguem precocemente à idade adulta e em condições de produção da sua carga genética, depois de terem sido criadas racionalmente e em circunstâncias econômicas até o início da lactação, iniciando também nova prenhez ainda no período de lactação.

Para que isso ocorra, algumas providências devem ser observadas no manejo, que, para maior facilidade, dividimos em cinco categorias:

Categoria 1 — Vacas em lactação: sistemas de exploração

Tabela de relação de pesos

Perímetro torácico (cm)	Peso (kg)	Semanas	Pesos
68,1	38	—	Dia do nascimento
71,1	40	1ª	Dia do nascimento
80,1	50	—	—
90,1	70	12ª	Deve ter duas vezes o peso do nascimento
103,1	100	19ª	Deve ter três vezes o peso do nascimento
113,1	130	26ª	Deve ter quatro vezes o peso do nascimento
123,1	170	—	—
133,1	200	—	—
153,1	300	60ª	Deve ter oito vezes o peso do nascimento
173,1	400	—	Deve ter dez vezes o peso do nascimento
183,1	500	—	—

Categoria 2 — Bezerros mamões: sistemas de aleitamento-desmama
Categoria 3 — Bezerros em recria até um ano de idade
Categoria 4 — Bezerras de sobreano até fecundação
Categoria 5 — Vacas secas e novilhas prenhes: cuidados necessários

CATEGORIA 1 — VACAS EM LACTAÇÃO

Esses animais devem ter acesso a pastagens boas, isto é, pastos verdes de excelente qualidade, constituídos de gramíneas (no mínimo três) consorciadas a leguminosas (no mínimo duas), à noite, durante o ano todo.

Na época das águas (novembro a abril), no intervalo das ordenhas das 8 às 14 horas, devem ficar em piquetes de capim-elefante.

Na época da seca (maio a outubro), no intervalo das ordenhas, devem receber silagens de milho fornecidas à vontade em cochos cobertos, localizados nos piquetes com sal comum e sal mineralizado à disposição. O consumo médio diário por vaca é de 30 kg ou 1 m³ por mês.

O concentrado deve ser fornecido em cochos individuais no momento da ordenha e pode ser feito usando-se rações compradas ou fazendo-se a mistura na propriedade: deve conter 16% de proteína bruta e 65% de nutrientes digestivos totais (NDT). Fórmula econômica:

Rolão de milho	45%
Farelinho de trigo	25%
Farelo de algodão	25%
Sais minerais com Vitamina A	5%

Pode-se comprar também o concentrado pronto e misturá-lo com 50% de fubá, para vacas em boa produção, e com 50% de rolão, para vacas em final de lactação e novilhas amojando.

Em ambos os casos os animais recém-paridos até trinta dias devem receber a média de 5 kg por dia; a partir do segundo mês, receberão, de acordo com a produção, 5 l/dia, 1 kg; mais 1 kg para cada 3 l que produzir, podendo ser controlado pela produção mensal pela colocação de cordinhas coloridas, em torno do pescoço do animal, fácil de amarrar e trocar (ver tabela seguinte).

Os responsáveis pela fraqueza ou esgotamento são:

Produção de leite (l)	Fornecimento de ração (kg)	Cor da cordinha a usar
5	1	branca
8	2	marrom
11	3	amarela
14	4	azul
17	5	preta
20	6	vermelha
23	7	verde
26	8	verde-amarela

— nas vacas de cria: o bezerro criado ao pé;
— nas vacas de leite: o balde em uma ou duas vezes por dia.

Com a retirada de um litro de leite por dia, durante sessenta dias, a lactação produz desgaste dos seguintes elementos:

Cálcio	36 g
Fósforo	27 g
Vitaminas e minerais	
Proteínas	1.050 g
Lipídios	1.050 g
Glicídios	1.500 g

Basicamente, o período de lactação de uma vaca divide-se em quatro fases:

Fase 1: esta fase ocupa um quarto do período de lactação, isto é, dois meses e meio; o animal utiliza suas reservas corporais acumuladas durante o período de descanso, enquanto está seco (fase 4), perde de 10 a 12% do peso vivo, sendo necessário atender com o arraçoamento as exigências nutricionais do período, sem que a produtividade caia, pois a circulação materna tem como prioridade a manutenção da produção leiteira, destinando grande parte da corrente sangüínea ao úbere.

Fase 2: também tem a duração de um quarto do período de lactação, quando a vaca atinge o máximo consumo alimentar, iniciando a redução gradual da produção de leite em torno de 10% ao mês.

Fase 3: caracteriza-se pelo declínio da atividade produtora, e tem a duração de dois quartos do período de lactação, isto é, de cinco meses; essa queda é mais acelerada nas vacas que estão dando leite e prenhes, enquanto nas outras, que apenas estão dando leite, é lenta.
Deve-se fazer arraçoamento para a recuperação física do desgaste ocorrido nos dois períodos anteriores.
As ordenhas devem ser realizadas com intervalo de nove horas, em locais cobertos, podendo ser feitas à mão; secar o animal, sessenta dias antes da data prevista para o parto ou quando a produção for inferior a 5 l por dia; efetuar uma secagem brusca do leite em quatro dias.

Fase 4: compreende o período chamado seco, isto é, a vaca fica descansando, sem ser ordenhada. Deve durar um terço do final da gestação (dois meses), quando a vaca precisa:
a) repor os nutrientes utilizados na lactação anterior, recuperando-se;
b) permitir um ótimo desenvolvimento do feto;
c) recuperar os tecidos das glândulas mamárias;
d) obter peso e saúde para suportar a próxima lactação com boa produtividade.

Se, depois do parto, o animal não apresentar uma condição mínima de nutrição, o cio não vai aparecer (é comum demorar um ano).
Esse período, sendo bem conduzido, vai permitir:
a) maior produção de leite durante a lactação seguinte;
b) bezerros nascidos com maior vitalidade;

c) menor índice de problemas de úbere e de retenção de placenta;
d) funcionamento normal dos órgãos reprodutores com cios normais e partos a cada doze meses (ideal).

Nesta fase final, o ritmo de desenvolvimento do feto assume grande importância e a circulação materna, sob influência de fatores hormonais, sofre um desvio gradativo para a corrente sangüínea principal do úbere.

Os fatores climáticos, como ventos e umidade relativa quando elevada, prejudicam o conforto do animal, reduzindo a produção.

A *água* é um "alimento vital", pois desempenha papel fundamental no processo de salivação, auxilia no controle da temperatura corporal e participa em 87,5% na composição do leite; o bovino adulto necessita de, no mínimo, 50 l de água por dia.

As vacas não devem caminhar mais de 500 m até a sala de ordenha, nem subir morros, pois gastam energia e, assim, reduzem a produção do leite. O asseio e a rigorosa desinfecção das tetas devem ser freqüentes com limpeza e lavagem geral do local, das instalações e dos utensílios empregados no processo da ordenha.

As alterações na integridade do úbere devem ser rigorosamente observadas, pois feridas ou rachaduras nas tetas são o início do processo de mastite. Por isso, deve-se fazer o teste da canequinha diariamente em todas as vacas e separar e medicar as portadoras de processo inflamatório ou infeccioso.

O futuro de uma exploração leiteira bem-sucedida depende de um programa eficiente na criação de bezerros e novilhas, permitindo a correta reposição do rebanho.

O criador precisa se preocupar com a qualidade das bezerras que irá criar para a reposição das vacas descartadas do rebanho, devendo calcular que as matrizes têm uma vida reprodutiva em torno de cinco anos após a primeira cria. Para essa reposição calcula-se de 20 a 25% anualmente ou, na prática, três bezerras para cada lote de dez vacas do rebanho efetivo de fêmeas adultas em idades diferentes.

Os cuidados para com o bezerro iniciam-se antes do parto, pois a viabilidade, a suscetibilidade às doenças na primeira idade, o peso no nascimento e o ritmo de crescimento são fatores estritamente ligados à vida pré-natal e dependem da constituição física da fêmea gestante, de seu estado sanitário e nutricional.

A criação de bezerros fortes e sadios é essencial, pois a taxa de mortalidade entre os animais jovens é de 20%.

Quanto mais apurada a raça, menor a resistência do bezerro às doenças. Por isso, além das unidades básicas com higiene e alimentação, é preciso alojá-los em lugares protegidos (baias), ao abrigo do sol e da chuva e, evidentemente, limpos.

CATEGORIA 2 — BEZERROS MAMÕES

Do nascimento até os sessenta dias de idade — sistemas de aleitamento e desmamas.

Logo após o nascimento ou expulsão do bezerro, a vaca deve fazer com a língua uma toalete geral nele, efetuando a limpeza das vias nasais e da boca, auxiliando o início dos movimentos respiratórios e enxugando o corpo todo do recém-nascido, friccionando o couro, estimulando sua circulação sangüínea. Se porventura a vaca não fizer esse trabalho, deve-se fazê-lo, utilizando-se um pano limpo e seco; a seguir, deve-se amarrar o cordão umbilical com um fio de costura grosso, cortando-o a 5 cm do corpo e desinfetando-o em seguida, mergulhando-o no mínimo três vezes num vidro de boca larga, que deve conter a seguinte solução iodada, preparada em farmácia:

Iodo metálico	30 g
Iodeto de potássio	20 g
Glicerina líquida	50 g
Álcool comum	1 l

A seguir, deve-se fazer uma higienização da vaca, limpando o úbere e as tetas (tirar os pêlos, se houver) para não infectar a boca do bezerro, que deverá estar em pé e, dentro de 15 minutos, efetuará a primeira mamada, sozinho ou auxiliado; quando as tetas estão muito grossas é necessário amolecê-las, retirando um pouco de colostro, para diminuir o diâmetro e facilitar a mamada (nunca jogar, nem espirrar o leite no chão). Se for a primeira cria, a vaca poderá não ficar parada, sendo então necessário pear as pernas; verificar se os órgãos genitais não estão sujos de sangue e fezes, lavando-os se necessário. A ingestão desse primeiro leite (colostro) é de grande importância para o bezerro no seu arranque para a vida, porque:

a) devido a seu efeito laxante, promove a expulsão do mecônio, massa preta intestinal acumulada durante a vida fetal, que evitava a aderência do intestino do feto e que agora é tóxica ao bezerro recém-nascido;

b) ao nascer, o animal tem grande porcentagem de água nos tecidos, estando completamente desprotegido de anticorpos (imunoglobulinas) contra diversas afecções nesse período de *neonatal* (por isso, precisa mamar 2 *l* de colostro até as primeiras seis horas de vida).

A proteção necessária que o bezerro vai adquirir por meio desse colostro chama-se *imunidade passiva*, pois, além de anticorpos específicos, ele recebe Vitamina A (protetora das mucosas do sistema digestivo), calorias, proteínas (globulina), que estão em nível máximo nessa primeira mamada.

A passagem da globulina e dos anticorpos para a corrente sangüínea só se processa nas primeiras 24 horas de vida do bezerro, mas, para completa imunização, ele precisa ingerir de 300 a 500 Ig (imunoglobulina) nas primeiras doze horas de vida.

Composição do colostro e do leite comum

Componentes principais	Zero hora	Colostro 12 horas	24 horas	Leite comum
Imunoglobulinas (mg/ml)	38,2	32,2	21,5	-0-
Sólidos totais (%)	24,8	20,7	17,1	12,9
Proteínas (%)	11,4	9,6	7,1	3,3
Gordura (%)	6,0	5,5	5,0	3,6
Matéria mineral (%)	1,1	1,0	1,0	0,7

Os bezerros que mamam colostro diretamente nas vacas apresentam níveis mais elevados de imunoglobulinas e menores taxas de mortalidade que os bezerros que mamam o colostro em baldes ou mamadeiras; também os bezerros que mamam colostro em períodos prolongados (quatro ou cinco dias) têm maior proteção e menor taxa de mortalidade por diarréias (perda de mais de 4.000 ml de água por dia) e por desidratação (perda de mais de 10.000 ml de água por dia).

Técnica de fornecimento de colostro

O bezerro poderá ser separado da mãe a partir do segundo ou terceiro dia de vida, passando a receber o colostro em baldes limpos, ou mamadeiras, três vezes ao dia, a uma temperatura de 36 a 38°C. O balde deve ser colocado a 50 ou 60 cm de altura do piso, para obrigá-lo a beber com o pescoço esticado, indo o leite para o abomaso (estômago verdadeiro), que é o local correto; a quantidade oferecida não deve ser maior de 6% de seu peso vivo nesse dia (base: 2 a 3 *l*); se o leite for para o rume, que ainda não está desenvolvido, irá fermentar originando *diarréias*.

A produção de colostro dura até cinco dias; por essa razão deve-se guardá-lo em refrigerador, prolongando seu emprego por até oito dias, usando-o, o máximo possível, no seguinte esquema: no primeiro dia, o bezerro deve mamar diretamente na vaca o dia todo; se foi separado imediatamente, deve receber colostro em quatro mamadas, ele precisa ingerir 8 kg de colostro puro nas primeiras 48 horas de vida; depois, deve mamar mais quatro dias, usando-se duas partes de colostro (guardado) e uma parte de água morna na seguinte técnica: em uma caixa d'água ou tambor, coloca-se água limpa, depois 5 kg de cal hidratada de primeira qualidade, mexe-se bem, para que as impurezas que houver flutuem em forma de espuma preta, retirando-as. A seguir, deixa-se em repouso por 24 horas; para que os excessos de óxido e carbonato de cálcio se depositem, ficando apenas água de cal (clara). No dia seguinte, prepara-se a mamada para os bezerros, que deverá conter:

Colostro	2 partes
Água limpa	1 parte
Água de cal	1 copo (250 ml) por litro de mistura.

Se for usado aleitamento artificial, a partir do quinto dia pode-se continuar com leite integral da mãe ou ainda usando-se *ama-seca* (outra vaca), sempre na base de 10% do peso vivo. A água de cal poderá ser trocada por 5 g de Tm3 + 3, se preferir, por dia.

Se, por acaso, a mãe do bezerro morrer, deve ser dado o *colostro artificial*, que consiste em:

Óleo de rícino	200 ml
Óleo de fígado de bacalhau	200 ml
Claras de ovos batidas	6
Leite integral morno	1 *l*

Dar essa mistura uma vez por dia durante os três primeiros dias, deixar ração inicial para bezerro e aplicar *gamaglobulina bovina*.

Para qualquer sistema de arraçoamento é necessário:

a) que a quantidade de leite e concentrado seja medida e não fornecida a olho;
b) obedecer sempre ao mesmo horário para distribuir o alimento;
c) nunca aproveitar o alimento que sobrar;
d) que a água seja limpa e esteja à disposição do bezerro.

Aleitamento natural

A criação de bezerros em aleitamento natural ocorre quando o bezerro obtém sua dieta líquida pela amamentação, que pode ser feita de duas formas:

Aleitamento simples: quando cada vaca amamenta o próprio filho;

Aleitamento múltiplo: consiste na utilização de *vacas amas*, que amamentam o próprio filho e outros bezerros chamados encartados (pode-se usar ama-seca artificial) (Figura 29).

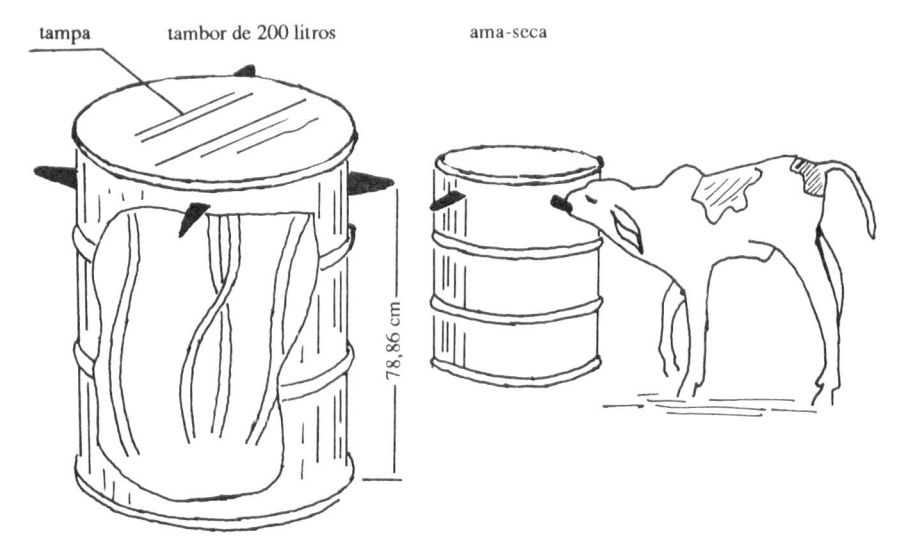

Figura 29 — *Ama-seca artificial*

O sistema de aleitamento natural oferece algumas vantagens, como:
— melhor desempenho;
— menor incidência de distúrbios gastrintestinais (diarréias);
— bezerros mais saudáveis;
— redução da incidência de infecções nas glândulas mamárias (úbere) das vacas (mamite);
— redução da mão-de-obra para alimentar os bezerros.

Mas traz também desvantagens:
— eleva o custo da alimentação se não houver controle no fornecimento de leite;

— prejudica o desempenho reprodutivo das vacas, pois aumenta o intervalo entre os partos.

Pode-se, entretanto, melhorar essas desvantagens, efetuando-se o aleitamento natural *controlado* ou *conduzido,* prevenindo contra o retardamento da ocorrência de cio pós-parto e também controlando o consumo de leite pelo bezerro da seguinte maneira:

a) permitir ao bezerro mamar durante períodos curtos (de 15 a 20 minutos), uma ou duas vezes ao dia;

b) desmamá-lo precocemente com dez semanas de idade;

c) usar o aleitamento múltiplo somente no período inicial da lactação (primeiro mês) com as mães legítimas (matrizes), retornando ao manejo normal do rebanho de leite até o final da lactação.

Está provado que as vacas que amamentam no início da lactação produzem mais leite que as vacas que não amamentam; além disso, os bezerros também ficam mais protegidos do estresse, pelo ambiente emocional favorável proporcionado pela presença e contato com a mãe (Figura 30).

Esse sistema é mais usado para animais que tenham cruzas zebuínas, selecionadas, ou quando as vacas não querem produzir sem o bezerro ao pé.

Figura 30 — *O colostro deve ser fornecido durante as primeiras horas de vida do animal*

Criação a pasto (sistema comum)

Há desvantagem no confinamento de bezerros recém-nascidos em função da elevada e contínua incidência de problemas sanitários (digestivos e respirátorios), do excesso de umidade, da alta produção de amônia, de higiene e mão-de-obra deficientes. Por isso, os criadores atualmente estão optando pelo *sistema de criação de bezerros a pasto,* conseguindo uma redução de 28% nos custos da criação de bezerros até a idade de seis meses.

Esse sistema, além de eficiente, é facilmente viável e apresenta vantagem econômica no custo das instalações e da mão-de-obra. Esta, aliás, é a principal razão de seu uso.

Os bezerros podem ser criados a pasto desde a primeira semana de vida após mamarem o colostro puro durante quatro a cinco dias na base de 4 *l* diários divididos em duas mamadas (1*l* para cada 10 kg de peso vivo); o colostro deve estar morno para que o animal ganhe peso mais rapidamente; nos quatro dias seguintes, deve mamar o colostro misturado com água limpa na base de 50% de cada elemento, colocando-se no final da mamada, no fundo do balde, um concentrado palatável de boa qualidade. A partir da segunda semana, ele passa a receber uma dieta de leite à tarde (diminuindo o armazenamento de leite) e uma ração de concentrado (500 g) pela manhã; então fica solto no pasto, onde logo começa a consumir forragem verde, iniciando o processo de ruminação antes dos bezerros criados em bezerreiros tradicionais.

Fazendo precocemente suas incursões pelo pasto, os bezerros ficam expostos à infecção, mas, como estão imunizados pelo colostro, podem iniciar sua própria produção de anticorpos, o que evita a incidência de diarréias e de pneumonias. Os bezerros são muito seletivos no pastejo. Por isso, a qualidade e disponibilidade de pasto são muito importantes para o seu desenvolvimento, devendo, por isso, haver dois ou mais piquetes para se fazer rodízio. Os bezerros não podem depender exclusivamente de volumoso como única fonte de nutrientes até a idade de quatro meses, sendo, portanto, necessário o uso de concentrados em maior ou menor quantidade, de acordo com o volumoso que recebem, prevenindo-os contra *acidose* e *timpanismo.*

Os bezerros podem ser desmamados com seis a oito semanas de idade, sempre de modo brusco, sendo que alguns podem sofrer um pouco com essa mudança, mas recuperam-se prontamente, aumentando o consumo de alimentos sólidos — ração — que deve estar na base de 600 g e chegar a 2,5 kg, com boa compensação, porque não há gastos com medicamentos nem com leite.

Ao nascer, o bezerro já possui quatro estômagos: *rúmen, retículo, omaso* e *abomaso,* mas somente o último, isto é, o abomaso, chamado *estômago verdadeiro,* está funcionando e se desenvolve enquanto o bezerro é *monogástrico,* ou seja, consome apenas líquidos (leite).

O consumo de alimentos com maior teor de fibras, como fenos e capins, gradualmente provoca a dilatação dos outros estômagos ou compartimentos; o consumo de alimentos sólidos (ração) também auxilia a dilatação, induzindo ainda a evolução ou desenvolvimento das *papilas* do rume, tornando-o *ativo* quando o bezerro passa a ser *poligástrico* (que utiliza vários estômagos), conseguindo, então, digerir a celulose, sintetizar a vitamina K, as do complexo B, sintetizar aminoácidos, inclusive os do nitrogênio não-protéico, enfim, desenvolvendo-se rapidamente com economia no consumo de leite e redução no período de recria.

Abrigo tipo gaiola

Esse sistema é composto de cabanas individuais, tipo gaiola, com solário, onde os bezerros ficam isolados, e tem a vantagem de permitir a mudança de local quando surgirem os focos de infecção (Figura 31).

Figura 31 — *Bezerros criados em gaiolas individuais consomem mais concentrados e apresentam menos problemas sanitários*

Além de serem transportáveis, as gaiolas devem:

a) ser de madeira, com 1,20 x 1,20 x 2,40 m, sem piso;

b) ter locais para serem colocados os baldes de concentrado e de líquidos (água e leite), além de volumosos;

c) ter um solário na parte externa com piso de pasto;

d) ter uma janela com tela para ventilação, localizada na parte superior traseira; deve ficar fechada à noite e em dias frios e aberta durante os dias quentes. Deve ser pintada de branco na parte externa para evitar excessivo aquecimento pelos raios solares. Nunca se deve pintar a parte interna, para evitar que os bezerros venham a ingerir resíduos de tinta e a se intoxicarem;

e) ficar instaladas de forma a permitir a entrada do sol de manhã e proteger os bezerros contra ventos dominantes;

f) ser instaladas sobre terrenos secos, altos;

g) ter a cama limpa e seca, mediante a retirada das fezes e substituída ou reposta com material seco;

h) por fim, ser desinfetadas e transferidas de local antes de serem utilizadas por outros bezerros.

Os piquetes devem ser de pastagem limpa; fazer rodízio e aplicações periódicas de anti-helmínticos.

Aleitamento artificial

Sistema tradicional (seis meses)

Separar os bezerros de acordo com a idade em, no mínimo, três lotes, colocando-os em piquetes, a saber:

Piquete n° 1 — Neste piquete os bezerros devem ficar até a idade de trinta dias; deve ter ladrilhado rústico, com a dimensão de 20 x 20 m, para abrigar vinte cabeças; pode ter solário, o que seria melhor, ou terem baias individuais.

Manejo

a) nos primeiros dias, dar o colostro no balde após cortar e desinfetar o umbigo;

b) no quinto dia, vacinar contra pneumoenterite, usando-se uma vacina *antibacteriana*;

Figura 32 — *Aleitamento artificial: o fornecimento controlado de leite induz o consumo precoce de alimentos sólidos, com redução de custo*

c) no décimo quinto dia, vacinar contra *paratifo*, devendo-se dar no mesmo dia vacina *antipiogênica* como diluente;

d) dar, diariamente, complexo mineral e vitamínico, podendo ser *óleo de fígado de bacalhau* — uma colher de sobremesa — e também *ossopan* (Roche) para os bezerros mais fracos;

e) no vigésimo dia, fazer a descorna sem maltratar o animal;

f) inspecionar diariamente a boca, o umbigo, os cascos, o focinho e a cauda (limpando as fezes ali grudadas), isolando os que tiverem febre (40 a 41°C) e também os que não quiserem mamar;

g) se houver diarréia branca, líquida, diminuir ou cortar o leite até que a diarréia cesse. Se ainda persistir ou for de cor amarela, dar três vezes ao dia terramicina ou Landic ou Tribrissen, que também cortam a eventual febre;

h) se os bezerros estiverem com tosse e corrimento catarral no nariz, poderão estar com pneumonia (febre intermitente); se estiver acompanhada de diarréia, estão com pneumoenterite. Aplicar, então, Agrovet reforçado, Predef ou Oxivet e Pulmodrazim;

i) dar sempre o leite à base de 1 l para cada 10 kg de peso vivo.

Piquete nº 2 — Este piquete, onde os bezerros vão ficar até a idade de três meses, deve ser gramado com capim kikuio e ter a dimensão de 50 x 50 m para as mesmas vinte cabeças.

Observações:
1) Continuar com os mesmos cuidados do primeiro piquete.

2) Como profilaxia da doença *piroplasmose — anaplasmose*, injetar, via subcutânea, 5 m*l* de sangue de um animal adulto bem sadio na tala do pescoço dos bezerros, para premuni-los artificialmente.

3) Se o bezerro não quiser mamar, observar se ele fica com a cabeça baixa, o pêlo arrepiado, se tem prisão de ventre, febre alta (40 a 42°C). Neste caso, ele estará com *piroplasmose*, conhecida por *tristeza*. Aplicar, então, imediatamente, de 3 a 5 cm^3 de Ganaseg (1/2 grama) ou Imizol ou Oxivet, depois um antitóxico (Apyron, Aricil etc.), um estimulante cardíaco (óleo canforado ou cafeína a 25%), Vitamina C, Amplovet e glucose (Androssoro na veia misturado com Ferrossuim ou Dayomim).

4) Geralmente, após a piroplasmose sobrevém outra doença, chamada *anaplasmose,* quando o animal já está muito fraco; neste caso, deve-se aplicar tetraciclina à base de 200 ml, durante três dias, e mais os medicamentos indicados para a doença anterior.

5) Dar o leite rigorosamente de acordo com o peso, juntando ração inicial para bezerros, capim-elefante ou feno de kikuio rasgado; deixar um cocho com minerais e vitaminas (dar bifosfato de cálcio a 5%).

6) Aos dois meses, dar vermífugo (Ivomec, Ripercol, Tetramisol etc.).

7) Aos três meses, vacinar contra *aftose* e novamente contra vermes, se já fizer 21 dias da outra aplicação do vermífugo.

8) Mudar para outro piquete; depois de marcar, castrar e cortar com tesoura as tetas extras das fêmeas.

Piquete n° 3 — Neste piquete os bezerros deverão ficar até a desmama completa, que deverá ser brusca; se o pasto estiver bem formado, não haverá estresse; as dimensões são de 100 x 100 m para os mesmos 20 animais, contendo no centro um rancho coberto para protegê-los da chuva e do sol. Este rancho deve ter um lado com parede para proteger do vento sul, que é frio.

Observações:
1) Manter o máximo de limpeza — camas limpas e secas.

2) Fazer diariamente inspeção rigorosa no momento em que for tratar dos bezerros.

3) Ter sempre sais minerais e água limpa à vontade.

4) Aos quatro meses, vacinar as bezerras contra *brucelose,* marcando na cara (os machos já foram separados após um mês de idade).

5) Dar sempre rações suplementares.

6) Aos cinco meses, completar todos os serviços que ainda não foram feitos.

7) Aos seis meses, desmamá-los e vaciná-los contra o *carbúnculo sintomático* ou *peste da mangueira* (furar uma das orelhas, sempre a do mesmo lado em todos os bezerros, com pequeno vazador de 0,5 cm).

8) Aos sete meses, vaciná-los contra *aftose* e soltá-los no pasto grande, para recria.

Sistema confinado

O aleitamento artificial utiliza instalações convencionais constituídas de *bezerreiro,* que é um conjunto de baias individuais ou, no máximo, para dois animais, com as dimensões de 1,60 m² de área (1 x 1,60 x 1,50 m), com piso ripado a 30 cm do solo, para ser coberto de capim (cama), que deverá ser limpo e reposto diariamente; na parte de baixo deve ser colocada serragem ou casca de arroz para absorver a umidade (deverá ser trocada semanalmente, para não ficar mau cheiro no local).

Na parte externa deve haver um cocho para concentrado, outro para volumoso e um balde de água (pode ser o mesmo usado para dar leite); a partir dos trinta dias, os bezerros devem ter acesso a um solário coletivo, permitindo-se a exposição ao sol nos períodos matinais ou vespertinos, quando há menor incidência de luz e a temperatura é mais amena. Os bezerros criados nesse sistema apresentam menores taxas de crescimento, com incremento na incidência de diarréias e na taxa de mortalidade, razão pela qual estão sendo preferidos outros sistemas mais racionais de criação.

As vantagens deste sistema são:

a) bom desenvolvimento corporal;
b) sobra mais leite para ser vendido;
c) controla-se melhor a quantidade de leite gasto;
d) facilita o manejo da ordenha.

As desvantagens são:

a) maior investimento nas instalações (onerosas);
b) mão-de-obra maior e mais cara, devendo-se usar os melhores empregados;
c) padrão de higiene mais alto;
d) só indicado para gado de alto padrão leiteiro (PO), com venda de reprodutores.

Manejo

Após a fase do colostro, o bezerro deve receber a quantidade diária de leite, na base de 1 *l* para cada 10 kg de peso vivo, em duas mamadas (de manhã e à tarde), logo após as ordenhas; juntamente com o leite, deve-se forçar o consumo de concentrado inicial (21% de proteína e 70% de NDT) peletizado, começando com pequena quantidade colocada no fundo do balde após a mamada; essa quantidade será gradativamente aumentada para um consumo de 500 g por dia; colocar feno de capim kikuio à vontade (contém 18% de proteína). A partir do quinto dia, o bezerro deve ter à disposição capim-elefante picado grosseiramente para forçar a produção de saliva, que evita a acidose (formação de ácidos no estômago), confirmada por tosse e arroto; a partir da quarta semana, dependendo de suas condições, o animal pode ser transferido para baias coletivas com até dez animais do mesmo peso, ou passar definitivamente para o regime de pasto, continuando a receber alimentação à tarde com leite na base de 6% do peso vivo (diminui o leite para resfriar) e, pela manhã, concentrado aumentado para 600 a 700 g por dia, mais capim-elefante picado ou feno, até a desmama com seis semanas, dependendo das condições do animal; o consumo fica em torno de 130 *l* de leite para um peso de 90 kg vivo. A desmama é uma prática cujo objetivo principal é beneficiar a vaca sem, entretanto, prejudicar a cria, quando já está com um peso básico em torno de 100 kg, mesmo antes de se completarem as seis semanas.

Do desmame até a décima semana, pode-se fazer o mesmo arraçoamento, apenas substituindo o concentrado que agora deve ter 16% de proteína e 65% de NDT (igual ao das vacas em lactação) e na base de 2 kg por dia, podendo-se misturar com melaço a 10%; deixar os sais minerais em cocho separado, nunca junto com o cocho de sal comum.

Desmame precoce (técnica canadense)

Esta técnica moderna recomenda o aleitamento com colostro fermentado, usando-se o colostro e o leite de transição das seis primeiras ordenhas — três dias ou até cinco dias — posto para resfriar e fermentar, ficando estocado. É suficiente para nutrir o bezerro durante quatro semanas, após o que o animal pode ser alimentado com alimentos secos, sem leite integral (farelado ou granulado), que só será dado aos bezerros fracos, em pouca quantidade.

O programa

1) O bezerro recém-nascido recebe pela primeira vez o colostro diretamente na mãe, o mais rapidamente possível (dentro de 15 minutos), de modo que dentro de quatro ou, no máximo, seis horas tenha ingerido 2 *l* de colostro puro da primeira ordenha e, dentro de mais seis horas, outros 2 *l*, também da primeira ordenha — isso deverá ser repetido durante os três primeiros dias, com o bezerro mamando de quatro em quatro horas, na porcentagem de 1 *l* para cada 10 kg de peso vivo (colostros da primeira e segunda ordenhas).

2) A partir do quarto dia, servir colostro fresco ou conservado por meio de resfriação ou fermentado naturalmente (conserva-se por quatro semanas) à base de duas partes de colostro para uma parte de água quente a 37°C, até a quantidade máxima de 10% de seu peso vivo (se houver necessidade, pode-se misturar leite integral no lugar da água).

3) A partir do quinto dia, deverá ser fornecido algum alimento sólido (ração com 20% de proteína) mais feno a 10% (de kikuio ou alfafa), grosseiramente moído. Pode-se colocar um amarrado de forragem para o bezerro mordiscar (de preferência, fenada), que irá ajudar o desenvolvimento das bactérias no rume; esse amarrado deve ser trocado diariamente.

4) Se os bezerros apresentarem bom apetite, podem ser desmamados com duas semanas, alimentando-se à vontade com uma ração inicial composta de 21% de proteína bruta, 70% de NDT.

5) Na terceira semana de idade, deve-se desmamá-los bruscamente (retardando a desmama dos bezerros doentios, se houver).

6) Essa ração deve aumentar seu consumo até 1,5 kg por dia.

7) Com a idade de oito a dez semanas, fornecer ração para crescimento, que deverá conter 16% de proteína, 65% de NDT (como o das vacas em lactação), mais feno a 10% (de kikuio ou alfafa), picados grosseiramente e deixados à vontade; o consumo será na base de 2 kg por dia.

8) Com a idade de 14-15 semanas, oferecer silagem, limitando o consumo do concentrado no máximo a 2,5 kg por dia, com capim-elefante à vontade, mas em separado.

Desse modo, criam-se bezerras fortes e sadias, obtendo-se novilhas para reposição capazes de entrar em produção com a idade de 24 meses. Serão, portanto, inseminadas aos 15 meses.

Os bezerros doentios têm mais dificuldade para se adaptar aos alimentos secos, devendo-se, por isso, continuar servindo alimentos líquidos até que eles se restabeleçam completamente.

O sucesso de um programa de desmame precoce depende:
a) do fornecimento de um concentrado adequado;
b) do manejo racional constante;
c) de cuidados especiais dispensados aos bezerros pelos empregados.

Veremos que a taxa de mortalidade em bezerros com menos de quatro semanas é menor, demonstrando que períodos de aleitamento mais curtos com consumo precoce de alimentos sólidos reduzem os problemas com diarréias nutricionais, problemas respiratórios, além de resultarem em menor gasto com a mão-de-obra para alimentar os bezerros.

Normalmente, no Brasil, a taxa de mortalidade entre os animais jovens de até seis meses é de 20%.

Quando se usam sucedâneos do leite (leite em pó) de baixa qualidade, a redução conseguida no custo da alimentação líquida é anulada pelos gastos com medicamentos.

Cocho privativo ou "creep feeding"

É uma instalação usada para bezerros destinados à engorda (Figuras 33 e 34). Trata-se de um cocho colocado dentro dos piquetes, protegido ou escondido por uma cerca especial, que impede a aproximação dos animais adultos, sendo abastecido com ração especial para bezerros

Figura 33 — *Cocho privativo ou "creep feeding"*

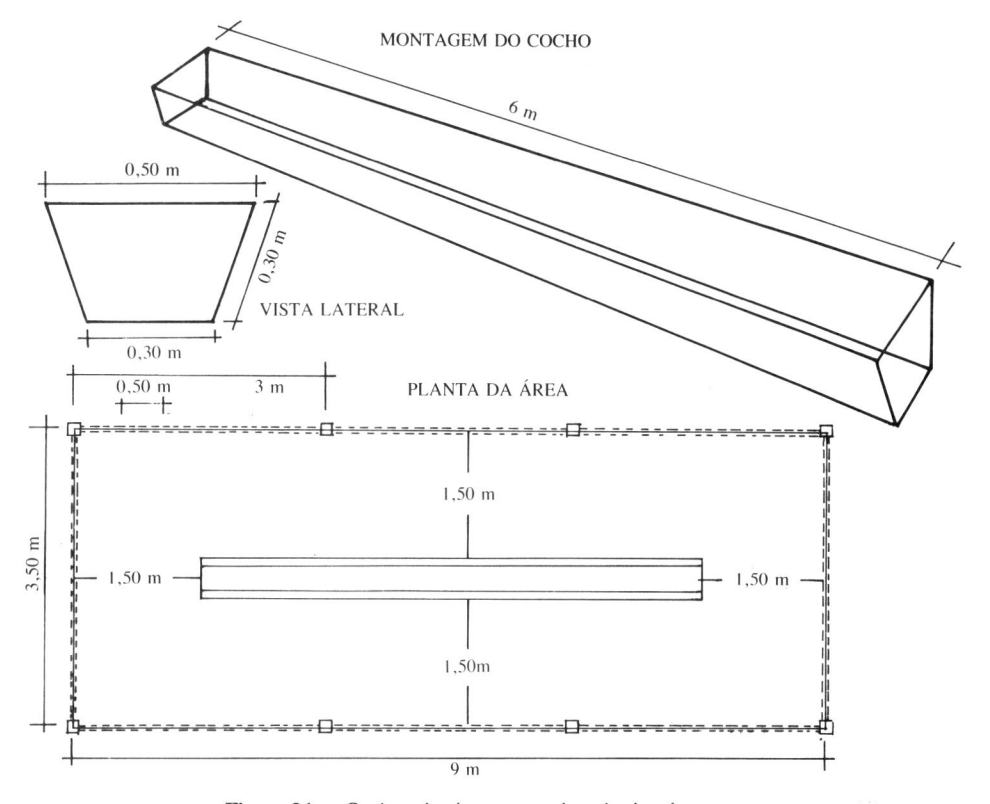

Figura 34 — *Cocho privativo para um lote de vinte bezerros*

não desmamados, promovendo uma uniformidade de peso entre eles. Desse modo, ocorre uma valorização maior em quatro meses, enquanto as vacas ficam mais rapidamente liberadas das crias, entrando mais depressa em novo período de cio.

A alimentação dos bezerros a partir dos três meses de idade é constituída de 80% de quirera, 20% de farelo de algodão, e deve ser servida durante 120 dias.

Cocho: é feito com três tábuas de 6 m de comprimento por 30 cm de largura, montado em forma de trapézio e colocado a 30 cm do chão, em armação (pés) resistente.

Em toda a sua volta, é erguida uma cerca com mourões de madeira de 2 m de altura, fincados de 3 em 3 m e recuados 1,50 m do cocho em todos os sentidos. Os espaços entre eles são repicados com mourões que podem ser de bambu, a cada 0,5 m, ficando 1 m acima do solo e sobre eles varas de bambu estendidas no sentido horizontal, firmemente amarradas com arame. No topo dos mourões de madeira prende-se um fio de arame farpado, que circunda toda a área para impedir os animais adultos de entrarem e não os bezerros. Essas construções devem ser feitas dentro dos piquetes perto de água e de cocho de sal, não necessitando de cobertura. Em dias de chuva, colocar pouca ração.

CATEGORIA 3 — BEZERRAS EM RECRIA

A partir dos setenta dias até um ano de idade, as bezerras devem ser criadas a campo, onde se constrói um rancho com cochos para concentrado, volumoso, minerais e água limpa.

Durante a época das águas, os animais encontram pasto de gramíneas consorciadas com leguminosas como único alimento e, na época da seca, devem receber uma mistura de capim-elefante e cana picados.

Até os seis meses, podem receber uma ração de concentrado com 16% de proteína e 65% de NDT na base máxima de 2 kg por dia/animal.

A partir dos seis meses, já podem consumir silagem de milho, sais minerais separados do sal comum, em cochos à disposição.

CATEGORIA 4 — NOVILHAS EM CRESCIMENTO

São as fêmeas com idade de sobreano, entre doze e dezoito ou 24 meses de idade. Para a primeira cobertura são importantes os seguintes fatores:

a) bom estado de saúde;
b) peso mínimo oito vezes o peso ao nascer (em média 300 kg);
c) maturidade sexual.

Esses fatores devem ser considerados em conjunto e não isoladamente. Eles não só representam a condição fundamental para a aptidão reprodutiva, como interferem no rendimento reprodutivo.

Esses animais permanecem no pasto em idênticas condições à categoria seguinte (vaca seca), até serem inseminados.

O criador não deve vender suas novilhas, ele precisa trabalhar sempre com um rebanho novo.

CATEGORIA 5 — VACAS SECAS E NOVILHAS EM GESTAÇÃO

Esses animais podem ser crioulos ou comprados de terceiros e permanecem em pastagem de gramíneas (mínimo de três espécies), conjugadas com leguminosas (mínimo de duas) o ano todo, sendo que, na época das águas, não precisam suplementação e, na época da seca, dependendo das condições do pasto, poderão receber capim-elefante picado na base de 25 kg por dia, fornecido em cochos no próprio piquete, podendo ou não ser misturado a 5 kg de cana picada.

A alimentação não pode ser deficiente durante a gestação, para não interrompê-la. Essa interrupção pode ser:

a) por aborto;
b) por mumificação do feto.

As vacas que aos sete meses de gestação (no primeiro amojo) estiverem com peso abaixo de 400 kg devem receber ração suplementar, pois precisam ter, no mínimo, 450 kg de peso vivo na ocasião do parto para atenderem às exigências de manutenção, crescimento complementar e desenvolvimento fetal. Nos sessenta dias finais, o feto deve estar com dois terços do peso que terá quando nascer. Além disso, a mãe precisa armazenar reservas nutritivas para conseguir uma produção de leite satisfatória.

Trinta dias antes da data prevista para o parto, todas as fêmeas devem ser trazidas para um piquete (maternidade) plano, sem buracos ou valas e de fácil acesso, localizado próximo ao estábulo. Deverão ser vacinadas contra *paratifo*, passando a receber diariamente uma ração constituída de 1 kg de farelinho de trigo mais 1 kg de rolão (opcional), tendo no cocho minerais e água limpa à vontade.

Se houver seca, podem receber capim-elefante e cana picados grosseiramente, ou silagem de milho à base de 25 kg por dia/animal.

Ao faltarem 15 dias para a data prevista do parto, é conveniente que a vaca comece a se adaptar ao consumo da mesma ração que irá receber durante a lactação, submetendo-se também ao manejo e ao local onde se fará a ordenha.

Às vésperas do parto, um ou dois dias antes, quando surgirem os sinais — relaxamento dos ligamentos da base da cauda e da pélvis (buracos), inchação da vulva com descarga de mucos —, a vaca deve ficar em observação constante, porém, sem que nada a perturbe.

Qualidade do colostro: a duração do período seco afeta a qualidade e a quantidade do colostro. Um período curto de descanso provoca no colostro baixa concentração de Ig (Imunoglobulina), que se forma na base de 1% ao dia, sendo necessária uma concentração mínima de 6% de colostro após o parto; portanto, é necessário um período de descanso de sessenta dias.

Úbere pingando (esfíncter relaxado) e ordenha antes do parto para evitar edemas são prejudiciais, representando também causas de baixa qualidade do colostro.

IV

Instalações — Estábulo

As construções devem ser funcionais, observando-se economia e facilidade de trabalho, principalmente nos dias de chuva. Devem ser simples, arejadas, seguras, de fácil limpeza e desinfecção.

Deve-se lembrar que são os animais que proporcionam lucros e não as instalações, por mais caras que sejam.

As instalações adequadas favorecem a execução dos trabalhos indispensáveis para a qualidade do leite e saúde dos animais.

Essas construções compõem-se de três partes:

1) *Mangueira ou curral de espera*: onde se mantêm as vacas antes da ordenha, duas vezes por dia.

2) *Estábulo propriamente dito*: onde se faz a ordenha.

3) *Instalações anexas*: para a manipulação de leite, serviços, escrituração, estoque, despensa, motores etc.

Essas observações são complementadas pelas plantas que as seguem.

A mangueira ou curral de espera é equipada com um tanque para desinfetante dos cascos das vacas, chamado *pedilúvio*, que os animais, obrigatoriamente, têm que atravessar na entrada e na saída. Um bebedouro, cochos para sal, minerais e alimentos (ração, rolão, silagem) e volumosos (fenos, capins etc.).

O corpo do estábulo abriga 20 vacas por vez, incluindo o curral de espera, dimensionado como segue: 10 m de largura por 30 m de comprimento, num total de 300 m², podendo-se usar ordenha mecânica ou não.

Piso e cercas: o piso de todo o conjunto deve ser de cimento, para garantir a higiene geral, além de reduzir o risco de doenças. Pode ser feito com argamassa de concreto traço 1:3:3 (1 carrinho de cimento, 3 carrinhos de areia, 3 carrinhos de pedra número 2).

A espessura do piso deve ser assentada sobre uma base de saibro, cascalho, ou mesmo de terra bem socada. Pode ter 7 cm, por onde não irá passar peso, e 10 cm, por onde irá transitar veículo (peso), com diversos desníveis em toda a superfície, em direção a uma esterqueira.

A cerca deve ser totalmente de réguas de madeira de lei (madeira tratada) nas dimensões de 0,16 x 0,04 m. — cinco peças (viga de 16", aberta no meio, para fácil reposição quando quebrar), com altura de 1,70 x 1,80 m (dispostas em vãos iguais), com mourões de 0,15 m de diâmetro ou quadrados, com 2,30 m de altura, fixados no chão a 0,50 m de profundidade. A base que encontra com o piso deve estar circundada por uma sapata de cimento para evitar o contato com urina; a ponta deve estar despontada para evitar acúmulo de água e apodrecimento e, para acabamento, colocar a 0,10 m da ponta um fio de arame farpado para evitar que pessoas subam. Os mourões devem ficar com uma distância de 2 a 2,50 m entre si.

Pedilúvio (desinfetante para cascos): o tanque para lavagem e desinfecção dos cascos é escavado no chão. Deve ter 2 m de largura e 2 m de comprimento, para que os animais não pulem sobre ele, e uma profundidade total de 0,40 m, todo em alvenaria, com espessura no piso de 0,05 m, paredes de meio tijolo, altura de 0,40 m nas paredes laterais, para evitar que o líquido desinfetante escorra e entre água das chuvas (o líquido ficará a 0,20 m de altura). Fazer a entrada e saída em rampa. Fórmulas de desinfetante: fazer soluções de sulfato de cobre a 5%, dissolver em vinagre é mais fácil: formol, ou iodo a 10% ou ainda cal hidratada em pó.

Água de beber: o bebedouro deve ficar junto à cerca, na entrada da mangueira de espera, ao lado do pedilúvio, enquanto do outro lado deste poderá ser colocada uma porteira para passagem de veículo. A disposição do bebedouro no meio da cerca permite que tanto bebam os animais que estiverem dentro como os que estiverem do lado de fora. Suas dimensões são: 4 m de comprimento, 0,65 m de largura e 0,60 m de altura. Total do chão ao piso 0,15 m. As paredes devem ser de meio tijolo, reforçadas no beiral com barra de ferro, e forma abaulada (concreto). O piso precisa ter um pequeno desnível, para facilitar o escoamento da água no momento da limpeza (2%).

MANGUEIRA OU CURRAL DE ESPERA

É uma área que não precisa ser totalmente coberta (Figura 35). Em seu centro constrói-se um cocho de 1,40 m de largura por 8 m de comprimento, com uma altura total de 0,70 m e, do chão ao piso, 0,40 m; as paredes de meio tijolo com beiral reforçado por barra de ferro e forma abaulada (concreto). A cobertura é indispensável para conservar os alimentos e proteger os animais enquanto comem; pode ser de telha comum ou amianto, sapé etc., madeiramento comum, nas dimensões de 6 m de largura por 10 m de comprimento por 3 m de altura livre. Numa das extremidades ficará o cocho para sal com 1,40 m de largura por 1 m de comprimento, dividido ao meio. Aproveitando toda a extensão coberta, deve-se instalar na parte central, de fora a fora, um depósito de volumoso chamado *fenil*, que é uma grade triangular colocada de cabeça para baixo com o vértice inferior fixado nos pilares do cocho de modo que o triângulo fique móvel, tipo basculante, para fácil descarga. Um pino instalado na parte de cima do triângulo serve de trava, fixando-o.

ESTÁBULO PROPRIAMENTE DITO

As paredes podem ser de alvenaria ou de colunas de concreto com ganchos para serem colocadas correntes (fazendo as vezes de parede), usada em locais de clima quente o ano todo (Figura 36). A cobertura deve ser de telha comum ou amianto (tipo eternit, brasilit etc.). A altura do pé-direito deve ser de 3 m, garantindo boa ventilação interna. O piso deve ser de concreto com desníveis; canaletas de 0,30 m de largura sem cantos para facilitar a limpeza, com desnível de 2% em direção ao curral de espera; corredor central com 1,80 m de largura, dividido em duas partes iguais com caída em direção às canaletas. Pode-se colocar trilhos (caibros) para depois usar vagoneta.

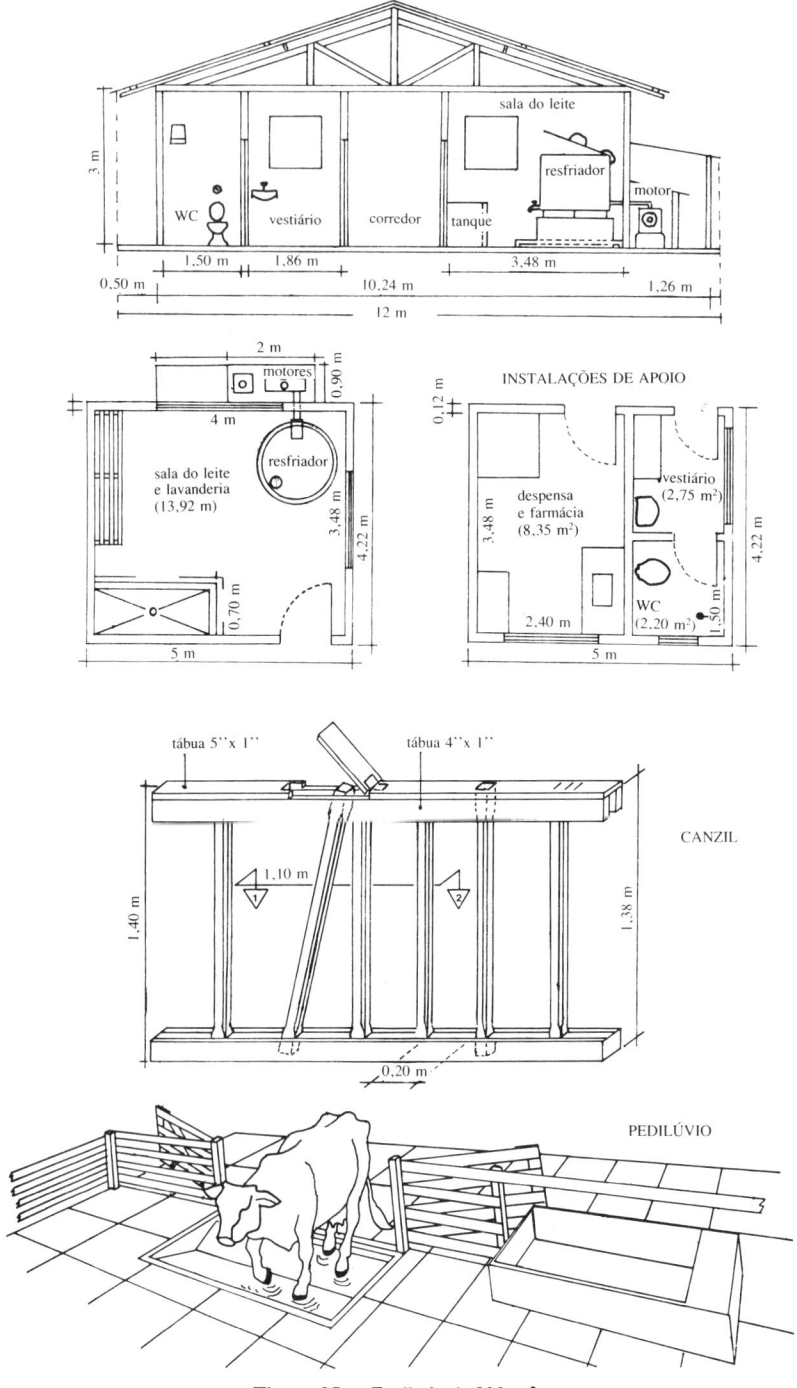

Figura 35 — *Estábulo de 300 m²*

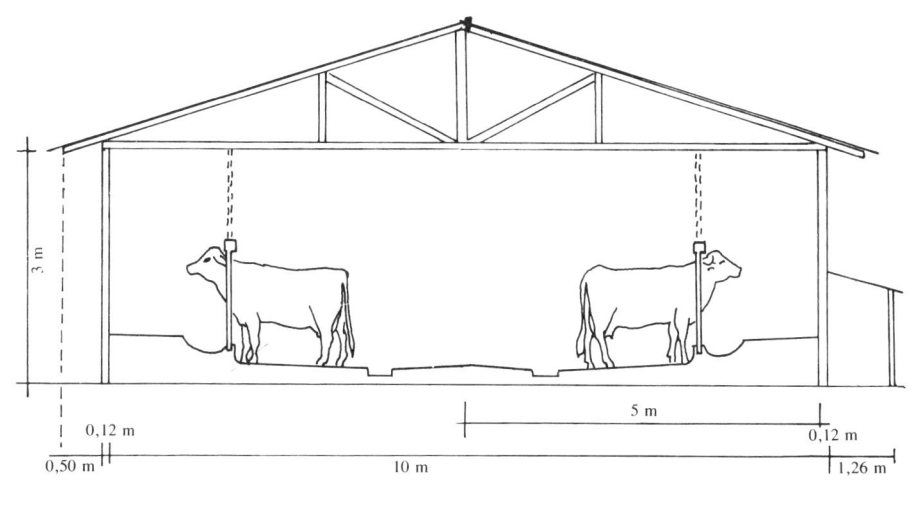

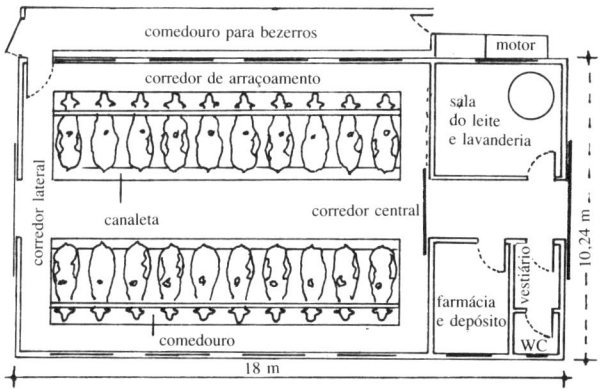

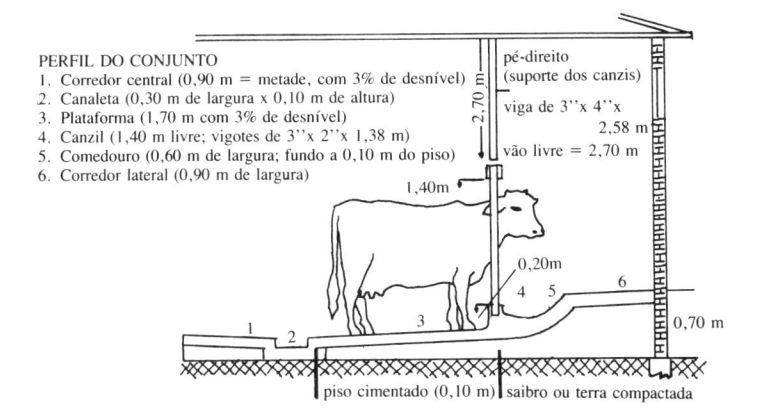

PERFIL DO CONJUNTO
1. Corredor central (0,90 m = metade, com 3% de desnível)
2. Canaleta (0,30 m de largura x 0,10 m de altura)
3. Plataforma (1,70 m com 3% de desnível)
4. Canzil (1,40 m livre; vigotes de 3''x 2''x 1,38 m)
5. Comedouro (0,60 m de largura; fundo a 0,10 m do piso)
6. Corredor lateral (0,90 m de largura)

Figura 36 — *Estábulo propriamente dito*

A plataforma onde as vacas são ordenhadas também apresenta desnível de 3% na direção das canaletas e sua largura padrão é de 1,70 m.

Os cochos ou comedouros internos devem ser construídos com 0,70 m de altura para tornar mais cômoda a alimentação das vacas; devem ter a largura de 0,60 m e 0,10 m do fundo ao piso; a parede do lado de dentro deve ter 0,30 m de altura.

A parte interna do cocho deve ser bem lisa, de preferência de cerâmica vitrificada (com aproximadamente 0,40 m no centro), sem divisões individuais, para facilitar a limpeza e não permitir fermentação (não deve ter cantos).

Os corredores laterais devem ter 0,90 m de largura; servem para o manejo na hora de servir a alimentação; devem ficar acima do comedouro para facilitar o despejo da ração quando trazida de carrinho.

Para se prender as vacas, deve-se usar *canzil* no lugar de correntes, o que evita acidentes; é conhecido por cornadil ou tesoura, sendo muito prático e de baixo custo; pode ser feito de madeira serrada (vigota) sem quinas, de madeira roliça ou de cano de ferro galvanizado.

A parte de baixo, onde são fixados os vigotes, pode ser uma armação de tábuas ou de cimento; os vigotes são fixados com pinos e a cada intervalo de 1,10 m coloca-se um vigote móvel que, quando aberto, permitirá a passagem da cabeça da vaca até o pescoço; quando fechado, o animal fica preso. A trava do vigote móvel na parte de cima é feita de madeira com uma correia de couro servindo de dobradiça ou com uma alça de vergalhão de ferro redondo; o vão livre para prender a vaca é de 0,20 m, não devendo ficar apertado, nem muito largo, proporcionando um meio de fuga para a vaca; basta pregar uma ripa de madeira por dentro do vigote; as medidas do canzil são: altura 1,40 m, diâmetro 8 x 6 cm (tirado de viga), distância entre um vigote móvel e outro 1,10 m.

Por questão de higiene, os animais não podem ter acesso à sala do leite e demais dependências.

Na sala do leite ficam os latões após a ordenha, permanecendo no tanque de água gelada, ou então o leite é transferido para um tanque de aço inoxidável para resfriamento. Ao lado, deve haver um pequeno quarto para máquinas, onde ficam os motores, compressores e outros equipamentos responsáveis pelo resfriamento e vácuo para a ordenha mecânica. Na parte de dentro há um tanque para lavagem de latões, baldes e outros instrumentos usados no trabalho, com torneira de jardim (para engate de mangueira), uma estante ou estaleiro para os latões ficarem de cabeça para baixo, escorrendo, bem como os baldes, evitando a entrada de moscas.

As paredes da sala de leite devem ser bem lisas (cimento queimado tipo barra lustre) e pintadas com tinta impermeabilizante à prova d'água (evitar azulejos, pois quebram ou caem). Nas janelas, instalar telas finas de náilon, bem como nas portas, para impedir a entrada de moscas; conservar o local sempre lavado.

INSTALAÇÕES ANEXAS

Em frente à sala de leite e lavanderia ficam o vestiário com armário para o inseminador-ordenhador guardar a roupa de trabalho; um banheiro, para ele tomar banho antes do início da ordenha; e vaso sanitário com pia. Ao lado da despensa e farmácia ficam guardados os instrumentos, botijão de sêmen, medicamentos, uma escrivaninha para anotações, prateleira para os livros e material para limpeza, inclusive pia (Figura 37).

ESCRITURAÇÃO

Para que se desenvolva uma exploração coordenada e se obtenha um controle reprodutivo de acordo com as normas racionais de produção, é necessária uma escrituração do empreendimento, a saber:

a) uma escrituração *zootécnica* simples, porém eficiente, obtida por meio de fichas individuais e livros de controle, nos quais são anotados, de forma exata e minuciosa, todos os eventos ocorridos na criação;

b) uma escrituração econômica, que seja demonstrativa de todas as despesas feitas, abrangendo alimentação, medicamentos, mão-de-obra e outras. No final do ano, mediante o confronto das duas escriturações, o criador poderá conhecer o custo real de sua produção, conseguindo, assim, uma administração segura do empreendimento (ver certificado e fichas a seguir).

ESTÁBULO

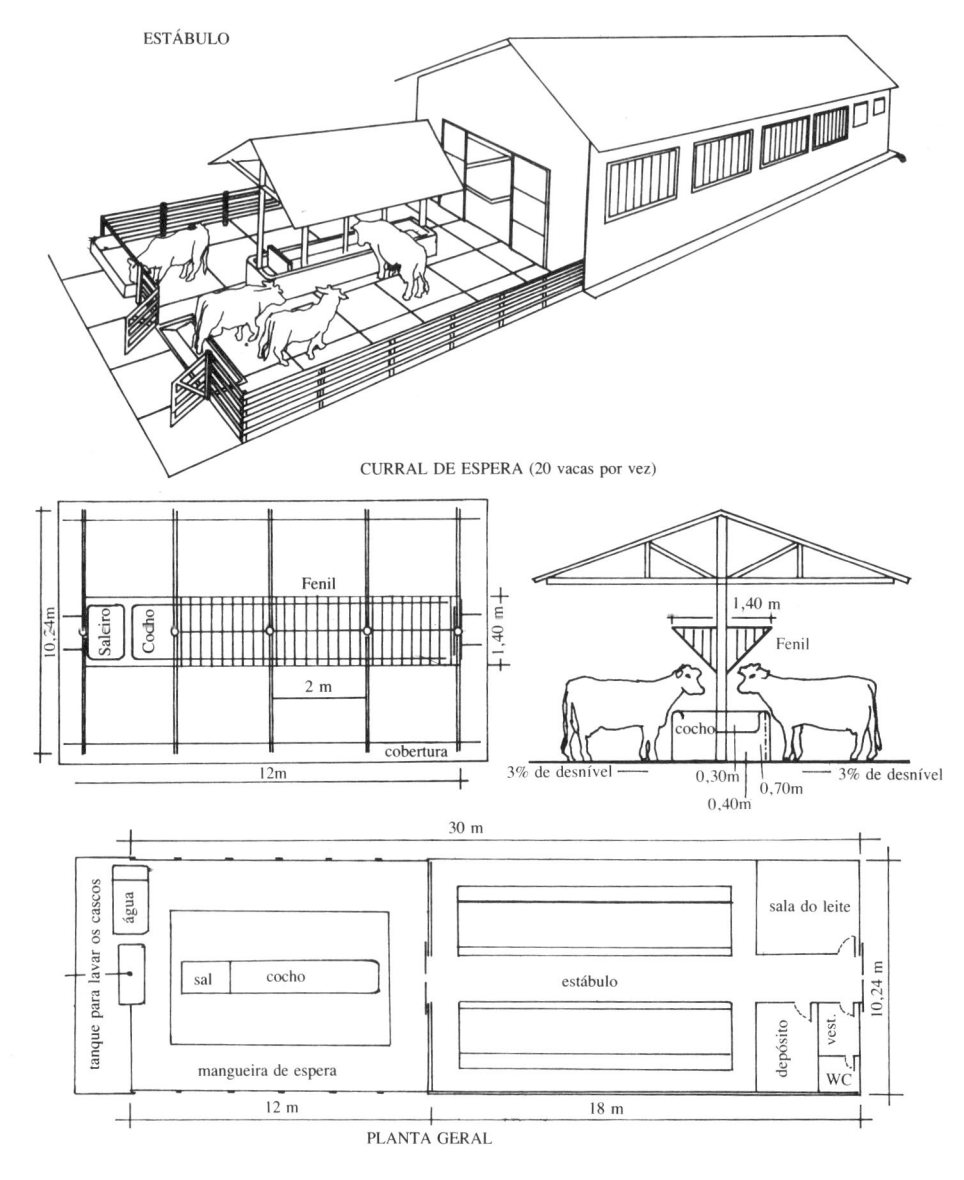

CURRAL DE ESPERA (20 vacas por vez)

Figura 37 — *Instalações anexas*

FAZENDA

CERTIFICADO DE ORIGEM

(frente)

F

R.G. Nº _____   FICHA ZOOTÉCNICA   Nº Part. _____

Nome: _____ Class. _____ | Data do nascimento: _____ de _____ de _____
Raça: _____ Cor: _____ | Marca, número ou tatuagem: _____
Grau de sangue: _____ Sexo: _____ | Peso ao nascer: _____
Criador: _____ | Sinais particulares: _____
Propriedade: _____ |

Filiação:
- Pai: _____ R.G. nº _____ Class. _____
- Mãe: _____ R.G. nº _____ Class. _____

- Avô _____ Origem _____
- Avô _____ Origem _____
- Avô _____ Origem _____
- Avô _____ Origem _____

OBS.: _____

DATA   ASSINATURA DO CRIADOR

(verso)

F FICHA SANITÁRIA   FICHA DE REPRODUÇÃO - REGISTROS   PROBLEMAS GINECOLÓGICOS

| VACINAS CONTRA ||||||| Data cobertura | TOURO USADO || Data parição | Sexo da cria | Anestro | Piometrite | Placenta retida | Corpo lúteo P. | Hipofunção | Aborto | Natimorto |
Aftosa	Brucelose	Carbúnc. s.	Paratifo	Raiva	Verminose		Nome ou nº	Raça									
													OBS.:				

Onde se encontra: _____

Vendido em: _____   Morto em: _____   _____

Responsável

FAZENDA

(frente)

CERTIFICADO DE ORIGEM

FICHA ZOOTÉCNICA

M

R.G. Nº _____   Nº Part. _____

Nome: _____ Class. _____   Data do nascimento: ____ de ____ de ____

Raça: _____ Cor: _____   Marca, número ou tatuagem: _____

Grau de sangue: _____ Sexo: _____   Peso ao nascer: _____

Criador: _____   Sinais particulares: _____

Propriedade: _____

Filiação
- Pai: _____
  - R.G. nº _____ Class. _____
    - Avô _____ Origem _____
    - Avô _____ Origem _____
- Mãe: _____
  - R.G. nº _____ Class. _____
    - Avô _____ Origem _____
    - Avô _____ Origem _____

OBS.: _____

DATA _____   ASSINATURA DO CRIADOR

(verso)

M   FICHA SANITÁRIA

FICHA DE DESENVOLVIMENTO PONDERAL

VACINAS CONTRA									PESO AO (S)						CLASSIFICAÇÃO
Aftosa	Brucelose	Carbúnc. s.	Paratifo	Raiva	Tuberculose	Tétano	Verminose	Nascer	7 Meses	12 Meses	18 Meses	24 Meses	30 Meses	36 Meses	

OBS.:

Onde se encontra: _____   Morto em: _____
Vendido em: _____   Responsável: _____

V

Conhecimentos Gerais Básicos de Prática Veterinária

A saúde é a normalidade da vida; a vida é função de uma adaptabilidade orgânica ao ambiente. Saúde é, pois, o equilíbrio das oscilações funcionais que constituem o fenômeno fisiológico da vida.

Todas as vezes que esse equilíbrio fisiológico é rompido por variações que ocorrem no organismo do animal, surge um estado chamado *enfermidade*. Para que essas variações sejam evitadas ou combatidas, é necessário que a pessoa tenha alguns conhecimentos elementares de higiene, de defesa sanitária, de profilaxia e dos modos de combater as principais doenças que atacam os bovinos.

SINAIS DE ESTADO ENFERMO DOS BOVINOS

Quando os bovinos se encontram enfermos, estão pouco vigorosos, não procuram fugir quando se quer laçá-los e não reagem quando se acham presos; marcha cambaleante, pouco apetite, ruminação irregular, mucosas e conjuntivas dos olhos pálidas (esbranquiçadas), com eventuais pequenas manchas hemorrágicas, congestionadas, pulso irregular, respiração e temperaturas anormais, tosse mais ou menos freqüente, pêlos espetados, sem brilho, intestinos com gases ou diarréias, prisão de ventre, cólicas, emissão de gemidos e cabeça abaixada, narinas sujas, quentes e secas — todos esses estados são indícios de alguma enfermidade.

É importante o acompanhamento constante da saúde de todos os animais da propriedade.

Por isso, as vacas devem ser periodicamente examinadas por visita mensal do veterinário, que evitará a disseminação ou propagação de doenças nos animais. As vacas que abortarem, as que repetirem o cio, as que forem inseminadas ou cobertas mais de uma vez, e, principalmente, todas as que apresentarem corrimento de pus pela vulva (cauda suja) necessitam de tratamento urgente.

Calendário de medidas de controle sanitário do rebanho

	Jan.	Fev.	Mar.	Abr.	Maio	Jun.	Jul.	Ago.	Set.	Out.	Nov.	Dez.
Cura do umbigo de bezerros	x	x	x	x	x	x	x	x	x	x	x	x
Vacina contra paratifo	x	x	x	x	x	x	x	x	x	x	x	x
Vacina contra aftosa			x				x				x	
Vacina contra carbúnculo sintomático				x								
Vacina contra brucelose	x						x					
Teste de brucelose		x										
Endoparasitos				x		x				x		x
Ectoparasitos	x	x	x	x	x	x	x	x	x	x	x	x
Tuberculinização		x										
Controle de mastites	x	x	x	x	x	x	x	x	x	x	x	x

ESTADO CLÍNICO DOS BOVINOS

Temperatura

É medida usando-se um termômetro de reto ou mesmo comum, que se introduz no *ânus* do animal por dois a três minutos, sendo, a seguir, efetuada a leitura na escala da haste.

A temperatura normal no reto do bovino em repouso é:
— nas seis primeiras semanas de vida .... 40°C;
— até seis meses de idade .... de 39 a 40°C;
— novilhos até um ano .... de 38,5 a 40°C;
— animais adultos .... de 38 a 39,5°C;
— animais velhos .... de 37,5 a 38°C.

A temperatura é mais elevada nos animais mais novos ou após um exercício violento; nas horas quentes do dia; nas vacas de alta produção leiteira e, à tarde, quando registra 1°C a mais do que pela manhã.

A temperatura é mais baixa nos animais muito velhos ou quando o animal está em estado de *coma*.

A elevação da temperatura acima do normal indica:
— 40°C: febre, ver aceleração do pulso;
— 41°C: febre alta, ver se há movimentos respiratórios acelerados e tremores de frio;
— 42°C: febre *altíssima* (hiperdirética), está em perigo de parada cardíaca; abaixo de 37°C (hipotermia), está em perigo de vida.

Aplicar estimulantes cardiotônicos para o coração (coramina, óleo canforado etc.).

Pulsação

O pulso do bovino indica os movimentos (pulsação) de seu coração. A pulsação pode ser sentida pressionando-se um vaso que cruze uma superfície dura de um osso e pode ser medida:
a) na face externa do maxilar inferior;
b) embaixo da cauda, na artéria coccigiana.

O pulso normal dos bovinos em descanso é contado durante um minuto, sendo:
— bezerros de seis meses até um ano .... de 70 a 100;
— animais de tração (trabalho) .... de 36 a 50;
— animais adultos (vacas) .... de 55 a 85;
— animais velhos (ambos) .... de 20 a 80.

O pulso é mais acelerado nos animais muito jovens ou muito velhos ou depois de algum exercício ou corrida. A fraqueza retarda a pulsação, enquanto a febre a acelera.

Respiração

É a função que consiste na absorção de oxigênio e desprendimento de gás carbônico pelos seres vivos, por meio do aparelho respiratório, que é constituído de fossas nasais, boca, faringe, laringe, traquéia, brônquios e pulmões.

Na respiração temos dois fenômenos, a saber:
1) A inspiração, que é a entrada de ar para os pulmões.

2) A expiração, que é a saída do ar (gás carbônico). Para medi-la, colocamos a mão aberta diante das narinas do animal, contando-se os choques de ar expirado ou o número dos movimentos do flanco ou do tórax. A respiração normal dos bovinos em descanso é:

— bezerros .... de 18 a 21 expirações/minuto;
— adultos .... de 15 a 18 expirações/minuto;
— velhos .... de 12 a 15 expirações/minuto.

O número de movimentos respiratórios aumenta muito:
a) depois de exercícios ou esforço pesado;
b) quando o animal está com medo ou excitado;
c) quando está com frio ou calor muito forte;
d) em lugares de confinamento ou quando o ar está pesado;
e) quando há ataque de febre, podendo aumentar ou diminuir;
f) várias outras circunstâncias como: raça, sexo, idade, porte etc. do animal.

INJEÇÃO

É a introdução de líquidos com medicamentos em sua constituição no corpo dos animais. Por não passarem pelo estômago, têm ação muito mais rápida; por essa razão, a quantidade é sempre menor, pois é concentrada. É necessário o máximo da higiene para se evitar formar edema (tumor) ou inflamação local (fazer leve massagem); como desinfetante usa-se algodão embebido em álcool ou éter. As injeções podem ser:

Endovenosa ou na veia (IV)

É aplicada diretamente numa das veias e tem a finalidade de atuar com mais rapidez e também quando se usa medicamentos irritantes ou ainda em grande quantidade de líquidos. Nos bovinos e eqüinos, a região usada é a veia jugular, que passa pelo pescoço, de preferência a veia esquerda, que leva o sangue da cabeça para o coração.

Essa injeção deve ser aplicada lentamente para evitar reações perigosas (nunca ultrapasse 12 cc no primeiro minuto); usar agulha calibre 16 x 7 cm de comprimento ou 35 x 15 cm, sempre observando o paciente, que pode ter um choque ou reação, que se manifesta quando:
a) o animal espuma pela boca;
b) a temperatura do seu corpo diminui (o corpo esfria);

c) o coração dispara, com batidas interrompidas;
d) a respiração fica entrecortada.

Atenção: Parar imediatamente a aplicação e esperar o animal se recuperar. Quando o medicamento é injetado fora da veia, geralmente causa inflamação, deixando o local escuro e necrosado. Nesse caso, colocar gelo diretamente ou em bolsa.

Subcutânea ou hipodérmica (SC)

É aplicada diretamente sob a pele ou couro, devendo-se escolher um local onde se formem pregas, onde a pele está mais solta, para facilitar a propagação do líquido e ser melhor absorvido pelos vasos sangüíneos aí existentes.

Essa injeção é a mais usada para se aplicar vacinas, soros e medicamentos químicos. Escolhe-se, de preferência, a região costal ou dos flancos (atrás da paleta). O calibre das agulhas curtas, para não penetrar na carne, deve ser 20 x 8 cm ou 25 x 8 cm.

Intramuscular (IM)

É aplicada diretamente nos músculos, o mais profundo possível, porque normalmente se usam medicamentos dolorosos por serem oleosos, irritantes, não devendo, por isso, ficar superficialmente na pele, pois podem causar abscessos.

A região mais usada é a nádega, face externa da coxa e tábua (tala) do pescoço. Para diminuir a dor, após a introdução da agulha até o fim, deve-se retraí-la um pouquinho e verificar se não está dentro de algum vaso sangüíneo, fazendo-se pequena aspiração; se estiver, deve-se puxá-la ligeiramente.

As agulhas mais usadas são de calibre 25 x 12 cm e 30 x 15 cm.

Intradérmica (ID)

Consiste na aplicação do líquido sob a pele, o mais superficial possível, sentindo-se a agulha; após a injeção, fica uma bolinha que deverá ser absorvida lentamente. É usada a região subcaudal (coccigiana) ou a face inferior da orelha. Usa-se agulha calibre 10 x 5 cm. Esse tipo de injeção é usado para se fazer aplicação em testes de reação, inclusive de tuberculina, para detectar se o animal é tuberculoso etc.

Há ainda outros tipos de injeção de menor uso e importância, a saber:
— via intra-ruminal (IR);
— via intramamária (IMM);
— via intraperitonial (IP).

PURGANTES

São medicamentos que provocam evacuação intestinal e devem ser ministrados inicialmente por via oral, depois por via injetável, para terem melhor efeito. São usados nas seguintes ocasiões:
a) após febre;
b) quando o animal está ressecado;
c) nas prisões de ventre (usar salino);
d) nas indigestões (empanzinamento);
e) depois que tomar vermífugo (usar oleoso, não irrita o intestino);
f) nas doenças renais (usar injetável);
g) depois de doença infecciosa (usar salino).
Os purgantes à base de sal são:
a) sulfato de sódio (sal de Glauber);
b) sulfato de magnésio (sal amargo);
c) cloreto de sódio (sal comum torrado).
Os purgantes oleosos são:
a) óleo de rícino;
b) óleo de mamona;
c) óleo de linhaça.

Dosagens: bovinos, de 500 a 1.000 g; eqüinos, de 250 a 500 g e potros e bezerros, de 50 a 200 g para os dois tipos de purgantes. Como purgante, usar a dose maior para efeito mais rápido; a menor é laxante.

MORTALIDADE DE BEZERROS

Como já vimos, os bezerros nascem sem imunidades, por isso é vital mamarem o colostro rapidamente e, de preferência, diretamente na própria mãe, após quinze minutos do nascimento e atendendo o peso vivo, para evitar que apresentem uma alta taxa de mortalidade.

Dentro da época em que ocorre, a mortalidade de bezerros pode ser dividida em quatro períodos:

1) *Aborto*: quando a morte ocorre durante os primeiros 270 dias da gestação.

2) *Perinatal*: quando ocorre depois dos 271 dias da gestação e durante o primeiro dia de vida dos bezerros; 85% das mortes são devidas a parto demorado, bezerros grandes ou estreitamento pélvico (bacia estreita).

3) *Neonatal*: quando ocorre durante o primeiro mês de vida; as causas são de origem septicêmica ou de ordem entérica a vírus (diarréias); porque mamou pouco colostro ou porque a alimentação é deficiente, por falta de higiene e por manejo inadequado.

Esquema profilático

Moléstias	Procedimento	Época de cuidar	
		Bezerros	Animais adultos
Aftosa	Vacinar	A partir do 2º mês	A cada 3 a 4 meses seguir campanha contra febre aftosa
Paratifo	Vacinar	Aos 15 dias e revacinar aos 30 dias	Vacas 1 mês antes do parto
Carbúnculo sintomático	Vacinar	Aos 4 meses e revacinar aos 12 meses	—
Carbúnculo hemático *	Vacinar	Aos 6 meses	Uma vez ao ano
Brucelose	Vacinar B-19	Raças precoces de 3 a 8 meses. Raças tardias de 4 a 15 meses	Obs.: solicitar orientação do veterinário
Raiva **	Vacinar	Aos 6 meses	A cada 6 ou 12 meses
Verminoses	Vermífugo	A partir do 3º mês e a cada 90 dias	No início das águas e no início das secas
Botulismo	Vacinar	A partir dos 6 meses, 1ª dose no início das secas, com reforço 45 dias após	Anualmente
Carrapatos e bernes ***	Pulverizar em geral a cada 21 dias	———	———

* Vacinar somente em regiões onde for diagnosticada.
** Vacinar somente em regiões onde há doença endêmica ou quando houver surtos.
*** Modificar princípios ativos a cada três pulverizações. (Trocar a marca de vermífugo.)

Doenças dos bezerros

Nome comum	Nome científico	Idade mais sujeita	Causa	Sintomas característicos	Órgãos e tecidos lesados	Profilaxia	Tratamento
Curso branco	Colibacilose	1ª semana	*Bacterium coli*	Diarréia de leite	Intestino delgado	Vacina ou soro	Sulfas
Umbigueira	Onfaloflebite	1ª quinzena	Diversas bactérias	Inflamação do umbigo	Umbigo	Desinfecção do umbigo	Sulfas
Sapinho	Difteria dos bezerros	1º mês	Bacilo da necrose	Áreas de necrose	Boca	Asseio geral	Sulfas
Diarréia, curso, tristeza	Paratifo	10 dias a 4 meses	*Salmonella dublin*	Diarréia mucosa (amarelada)	Intestino delgado	Vacina	Sulfas e antibióticos
Peste dos pulmões	Piobacilose	10 dias a 4 meses	Bacilo *Piogenes*	Pulmões (tumores)	Pele	Combate ao berne	Lancetada
Pneumoenterite	Pneumonia dos bezerros	2-10 semanas	Vírus e bactérias	Tosse e catarro nasal	Pulmões	Proteger do vento, frio e umidade	Sulfas e antibióticos
Curso de sangue	Coccidiose	1º mês em diante	*Eimeria bovis*	Diarréia de sangue	Reto	Alimentos e água limpos	Sulfas
Tristeza	Piroplasmose	2ª semana em diante	*Babesia bigemina*	Hemoglobinúria	Sangue	Carrapaticidas	Medicamentos modernos
Amarelão	Anaplasmose	1º mês em diante	*Anaplasma marginale*	Icterícia e anemia	Sangue	Carrapaticidas	Medicamentos modernos

4) *Bezerros mais velhos*: quando ocorre do segundo ao sexto mês de idade; causas: problemas respiratórios, subnutrição (mal do balde), parasitoses internas e anaplasmoses.

No Brasil, as taxas de mortalidade por período são as seguintes:
— abortos: 2 a 2,5 %;
— perinatal: 3,5 a 5 %;
— neonatal: 3 a 5 %;
— bezerros mais velhos: 1 a 2 %.

PRINCIPAIS DOENÇAS DOS BEZERROS

Diarréias

A carência nutricional da vaca mãe pode originar diarréia nos bezerros. O agente causador da diarréia (vírus, bactéria e fungos) irrita o intestino; como resposta a isso, o corpo trata de eliminar esse elemento irritante e, ao invés de absorver os fluidos ingeridos, água e certos minerais (os eletrolitos) no intestino, eles saem dos tecidos do corpo e são eliminados com as fezes, causando diarréia e, conseqüentemente, desidratação. A quantidade máxima que o bezerro pode perder de líquidos é equivalente a 4% do seu peso vivo, sem apresentar problemas; com 6%, há perda da elasticidade da pele, a boca (focinho) fica seca; com 8%, os olhos ficam semi-abertos e no fundo há depressão, apatia; com 10%, as extremidades (membros) ficam frias, pode não se manter em pé, há perda de líquidos; com 14%, entra em estado de coma, ocorrendo a morte.

São dois os tipos de diarréia:

1) *Diarréia do recém-nascido:* é bastante líquida e, em 24 horas, resulta em desidratação; a perda de eletrolitos é súbita e severa durante a primeira semana de vida. Os causadores são os vírus *Reo* e *Corona*. *Tratamento:* vacina e dar água com eletrolitos.

2) *Diarréia em animais de mais idade:* são várias as causas, a saber:

Diarréia branca (colibacilose)

É conhecida por curso de leite, curso de bezerro ou disenteria. Geralmente é causada pelo desequilíbrio alimentar; um dia mama muito, outro dia mama pouco (culpa do leiteiro). Aparece mais nas três primeiras semanas de idade.

Sintomas:
— diarréia de cor esbranquiçada, com coágulos de leite;
— cheiro forte, acre (desagradável);
— tristeza, abatimento total, apatia;
— não quer mamar, sonolência;
— começa a emagrecer, surge desidratação;
— pode morrer rápido; estado infeccioso geral.

Essa diarréia aparece de três formas:

a) *Septicêmica:* quando a bactéria cai na corrente circulatória, multiplica-se rapidamente e o bezerro amanhece morto. *Causa:* mamou pouco ou muito tarde o colostro da mãe.

b) *Enterotoxêmica:* as bactérias produzem uma toxina no aparelho digestivo, causando infecção grave.

c) *Entérica:* quando não há digestão adequada do leite por falta de higiene (balde sujo, azedo etc.). *Sintomas:* diarréia com cheiro de podre, fragmentos de leite coagulado; os bezerros ficam com os olhos fundos, desidratam-se rapidamente, vindo a morrer em alguns dias. *Causas:* os bezerros adquirem por via oral; contaminam-se com a cama e piso sujos, com bebedouros e comedouros (baldes) sujos, azedos, mofados. *Tratamento:* contra desidratação, usar a *fluidoterapia,* que é um protetor intestinal; dar solução proteolítica (Hidrax) e aplicar antibiótico de largo espectro com sulfa (Landic ou Tribrissen).

Diarréia amarelada (paratifo ou salmonelose)

Esta doença é produzida pela bactéria *Salmonella dublin*. É infecciosa e a principal causadora da mortalidade de bezerros.

Causas: ingestão de água e alimentos contaminados e sujos com urina de rato ou pelas fezes de animais doentes. As moscas transportam os germes das fezes dos bezerros enfermos para os alimentos.

Sintomas: intensa diarréia de cor amarelo-esverdeada, com muco, estrias brancas, cheiro nauseabundo (forte). O bezerro chora (fica com os olhos lacrimejantes), apresenta febre alta e não quer mamar. Essa doença ataca o intestino delgado desde os dez dias aos quatro meses.

Fluidoterapia — Fórmulas

Via oral	Via subcutânea
Fórmula nº 1 Cloreto de sódio 11,64% Fosfato de monopotássio 8,68% Glicina 21,20% Dextrose 55,67% Gluconato de cálcio 2,20% Sulfato de magnésio 0,61% Misturar em 2 l de água e dar duas vezes ao dia no lugar do leite	*Solução Ringer's* HCl 1 g | NaHCO$_3$ 5 g | 1 l de água ou NaCl 6,0 g KCl 0,3 g CaCl$_2$ 0,22 g 1 l de água destilada
Fórmula nº 2 Água fervida 1 l ou 4 copos Glicose em pó (*Nidex*) 20 g (8 colheres) Sal comum 3,5 g (1 colher) Bicarbonato de sódio 2,5 g (3/4 colher) Cloreto de potássio 1,5 g (1/4 colher) Misturar bem e dar três vezes ao dia no lugar do leite	Aplicar duas vezes por dia na tala do pescoço, no flanco ou na espádua, à base de peso do animal pela quantidade de líquido que se calcula que perdeu. Ex.: animal com 40 kg perdeu 5% de líquido = 40 x 5 = 2 l de solução

Não sendo tratada logo, a febre aumenta (40 a 41ºC), podendo transformar-se em pneumonia e depois pneumoenterite, de cura mais difícil; há desidratação violenta.

Tratamento: dar terramicina, antibióticos e sulfa; fazer a vacinação na vaca trinta dias antes do parto, no bezerro com quinze dias e reforçar aos quarenta dias depois de nascido (2 a 5 ml via subcutânea).

A mortalidade atinge normalmente 50% dos atacados; os curados apresentam desenvolvimento retardado, dificilmente crescem e engordam.

Como tratamento, pode-se usar Landic, Tribrissen, Sulfabiotic etc.

Coccidiose (diarréia sangüinolenta)

É uma doença causada pela *Eimeria bovis,* que se localiza na mucosa intestinal, onde se multiplica, provocando um processo inflamatório. É uma doença muito comum em nosso meio, atacando os bezerros que vivem misturados com animais adultos, em ambientes fechados, úmidos e sem higiene, contaminando-se pela ingestão dos oocistos do protozoário juntamente com os alimentos e a água.

Sintomas: no início, há apenas uma ligeira diarréia sangüinolenta, acompanhada de febre, desidratação, pêlos arrepiados, falta de apetite, fraqueza e dificuldade respiratória.

Dependendo da intensidade da infecção, da resistência do animal e dos cuidados no tratamento, o bezerro se recupera. Quando isso não ocorre, a doença se agrava, surgindo uma outra doença, a *eimeriose.*

Eimeriose (diarréia de sangue preto)

Esta doença é uma conseqüência da coccidiose, sendo produzida pelo reforço de outros protozoários como *Eimeria zurnii,* que se localiza nas células da mucosa intestinal, particularmente no reto, aí provocando um processo inflamatório, benigno no início, com diarréia sangüinolenta contendo muco (tenesmos), resultante da destruição das células do epitélio da mucosa intestinal pelos parasitas.

Sintomas: o animal entra em anemia profunda (pupila dos olhos branca) e, no final, poderá ter prolapso do ânus (o ânus vira para fora), por tentativas contínuas de evacuação, mesmo não tendo mais fezes no intestino (só espasmos). Nessa fase, a doença ataca o reto e, a partir da terceira semana, produz curso de sangue preto, provocando a morte do animal, que fica todo encurvado.

Tratamento:
 a) criar os bezerros separados dos animais adultos;
 b) fornecer aos bezerros alimentação limpa, rica em nutrientes e principalmente nas horas certas;
 c) fazer limpeza constante com desinfecção dos ambientes onde os bezerros vivem e dormem, usando cal virgem ou água com desinfetante;
 d) isolar os animais doentes e tratá-los corretamente;
 e) usar a sulfoterapia com antibióticos de largo espectro: Landic, Tribrissen, Sulfabiótic, Metassulfa etc.

Esofagostomose (verminose gástrica intestinal)

Caracteriza-se por diarréia de cor preta com estrias de sangue e vermes. Ataca o intestino delgado, aparecem edemas (tumores) subman-

dibulares (papeira) na barbela, os pêlos ficam eriçados, grossos e secos, as mucosas tornam-se pálidas, os olhos ficam fundos, com corrimento ocular, e os animais apresentam emagrecimento e enfraquecimento totais. Essa doença ataca a partir do quarto mês de idade.
A principal causa é a promiscuidade com animais adultos.

Tratamento preventivo: dar vermífugo no mínimo duas vezes por ano (na entrada das águas e da seca) a todos os animais, a partir de três meses de idade.

Tratamento curativo: sulfoterapia e antibióticos.
Quando, além dos sintomas acima, os animais tiverem também cólicas leves, paralisação na ruminação, apresentando eructações (vômitos e arrotos) com mau cheiro na boca e anemia profunda, estão com enterocolite.

Enterocolite (verminose gástrica com cólicas)

Tratamento curativo: dar um purgante salino e aplicar vermífugo de largo espectro (Ivomec, Thibenzole, Rivanol, Ripercol). Quando as fezes forem de cor amarelo-avermelhada, fibrosa, hemorrágica, com cheiro característico, e o animal se recusar a mamar, apresentar febre alta, arquejar e chorar (olhos lacrimejantes), é sinal de manifestação de pneumoenterite.

Onfaloflebite (umbigueira)

É a inflamação das veias do umbigo, que foi cortado muito comprido logo depois do nascimento; desse modo, o cordão ficou se arrastando e sendo pisoteado pelo próprio bezerro ou pelos companheiros, exposto aos ataques de bicho (vareja). A inflamação pode ser causada ainda por chupadas da própria mãe ou dos companheiros; o umbigo fica grosso, inflamado, e a infecção pode se estender ao fígado e depois para o resto do organismo, provocando febre. Atrasa o crescimento e leva anos para desaparecer.

Tratamento: não se esquecer de amarrar o umbigo distante 5 cm da barriga, mergulhando-o, em seguida, num vidro de boca larga com um desinfetante iodado qualquer por três a quatro vezes até a completa cicatrização (Lepecid e outros). Cortar o excesso depois do amarrio.

Sapinho (estomatite)

É a inflamação da mucosa da boca, tornando-a vermelha, quente e seca. Provoca lesões na comissura dos beiços, na face interna das bochechas, na face superior e laterais da língua, onde se implantam os blastomicetos (criptógamo vegetal), isto é, cogumelos *Albicans*, formando pequeninas placas brancas, irregulares e delgadas.

É muito comum em bezerros novos, sendo uma inflamação pequena até o quarto dia; depois, porém, se reveste de uma camada cremosa e espessa, podendo atingir o véu palatino, a faringe e as outras vias digestivas, causando emagrecimento e morte (não mama, pois doi).

Causas: esses cogumelos aparecem quando encontram ambiente com acidez elevada, procedentes do estômago dos bezerros recém-nascidos, que demoram para mamar, pois a vaca está com as tetas muito grossas, inflamadas ou quando não conseguem mamar porque ela anda e não deixa ou ainda porque nasceram muito fracos. A inflamação em animais maiores é devida à ingestão de água ácida (estagnada).

Tratamento: dar um laxativo salino (sal amargo) junto com bicarbonato de sódio e efetuar um curativo prático. Com o auxílio de uma faquinha de madeira, raspar toda a língua e as partes impregnadas de placas, para irritá-las (sem ferir), retirando o máximo possível dessa camada cremosa; a seguir, com os dedos molhados em bicarbonato de sódio em pó, passar em todas as partes da língua e da mucosa bucal. Pode-se passar também limão e sal; em poucas horas o bezerro estará curado, vindo a mamar normalmente; se necessário, dar o colostro numa garrafa ou no balde, até o bezerro ficar esperto e mamar sozinho (desinfetar muito bem esse vasilhame). Se houver complicação, aplicar Ganaseg.

Pneumoenterite

Essa enfermidade se caracteriza pelo comprometimento dos pulmões.

Tratamento curativo: abrigar completamente os bezerros dos ventos frios, chuvas e separá-los dos companheiros. Aplicar antibióticos de largo espectro (Tetraciclina, Cloranfenicol, Estreptomicina com sulfa etc.); reforçar o coração (óleo canforado, coramina), dar desintoxicante para o fígado (Ferrohepatina, Ferrossuin etc.), fortificantes (Apiron, Arsenil, Arecil etc.).

Usar (via endovenosa) Agrovet, Pentabiótico, Tetrex, Pantomicina, Sintomicetina, Acromicina, Tribrissen, Landic etc.

Pneumonia (broncopneumonia)

É uma inflamação do próprio tecido do pulmão; a broncopneumonia é uma inflamação dos pulmões e brônquios.

Causas: exaustão de transporte, estresse por sede ou fome, estábulo frio, com corrente de vento sul, locais sujos, sem ventilação, superaquecidos ou fechados.

Sintomas: febre intermitente, respiração rápida, tosse seca, curta, sonolência, inapetência, diminuição da produção de leite. O sintoma específico é a respiração barulhenta, estridente e difícil, podendo ocasionar a *pleurisia* (deslocamento da membrana *pleura*), surgindo espuma na boca, que permanece aberta, e sangramento pelo nariz.

Tratamento: dar ração só de farelo de trigo (laxante), muita água fresca, não deixar tomar vento (proteger com coberta amarrada no corpo), repouso absoluto em local aquecido.
Usar sulfametazina combinada com penicilina (Dehidrostreptomicina: 1 g por dia durante quatro dias para bezerros e de 5 a 10 g para adultos). Usar Oxitetraciclina ou Clortetraciclina a cada doze horas (Oxivet — ver bula — e outros). Dar dextrose e reidratantes.

Influenza dos bezerros (pneumonia)

É uma moléstia muito comum nos bezerros, transmitida por um vírus associado a várias espécies de bactérias, que complicam a lesão e agravam a moléstia. Seu aparecimento depende de fatores como alimentação inadequada *(mal da cuia)*, deficiência de vitaminas, surgindo geralmente depois de enterite ou diarréia.

Causas: cama molhada, correntes de ar constante, superconcentração de animais de várias idades, depois de ataque de vermes etc.; ataca mais os bezerros de dois a seis meses de idade, embora possa contagiar animais de dois meses até um ano.

Sintomas: temperatura abaixo do normal, súbita elevação da temperatura (41,5ºC). Boca aberta e respiração difícil, ofegante, tosse curta e seca, com corrimento de catarro no nariz, focinho seco, formando crostas. Os bezerros não comem, ficam apáticos, surge a diarréia seguida de desidratação, pêlos arrepiados e os olhos ficam fundos (cadavéricos), podendo ocorrer a morte após três a dez dias, ou a doença se tornar crônica durante meses; a porcentagem de morte é alta.

Tratamento: inicialmente, usar por via oral uma combinação de sulfa e antibióticos de largo espectro; depois, por via endovenosa, Oxitetraciclina (Oxivet) e Clortetraciclina; dar estimulantes cardíacos, respiratórios (óleo canforado); para o fígado, dar Ferrohepatina (atropina) e Lasic.

Peste dos polmões (piobacilose)

Consiste no aparecimento de polmões ou caroços por todo o corpo do bezerro, contendo um líquido amarelado, consistente, semelhante a pus, produzido pelo bacilo *Piogenes*, que penetra o umbigo do bezerro, mal-tratado e também pelo orifício deixado pelos bernes quando supuram e morrem; possuem cheiro fétido quando se rompem, tendo um aspecto desagradável. Causam muito prejuízo, deixando o animal irritadiço, nervoso, com pêlo arrepiado, o couro cheio de cicatrizes depreciativas, o animal emagrece, e sua convalescença é bastante longa.

Tratamento curativo: lancetar os abscessos com faca afiada e desinfetada com Lugol, Biocid e outros. Vacinar os bezerros usando vacina antipiogênica como diluente para vacina de paratifo. Desinfetar bem os umbigos.

Difteria

É uma doença infecciosa, altamente mortal, que ataca primeiramente os animais em aleitamento. Penetra no organismo por feridas da mucosa da boca, geralmente pela erupção (nascimento) dos primeiros dentes, podendo atingir até a garganta, dificultando o ato de mamar.

Sintomas: inicialmente, o animal perde o apetite, não quer mamar, nem comer, começa a babar, e aparecem placas amareladas na mucosa da boca e garganta, febre e tosse, com respiração difícil e dolorosa. Pode ser fatal na segunda semana de vida.

Tratamento: separação imediata dos bezerros doentes, logo no início; limpeza geral do alojamento, remoção e destruição da cama de forragens grosseiras, ásperas, secas e poeirentas.

Usar sulfoterapia associada à penicilina (Dehidrostreptomicina). Colocar bicarbonato de sódio em água limpa e não muito fria.

Helmintoses ou verminoses

São doenças infecciosas causadas por grande número de vermes que afetam de modo especial os animais jovens. Podem ser:

Verminose gastrintestinal

É muito freqüente em todos os sintomas de criação de bovinos, provoca perda de peso, baixa conversão alimentar, retardamento do crescimento, sem que se aperceba dos prejuízos.

Sintomas: mucosas pálidas, pêlos arrepiados, sem brilho, desidratação, emagrecimento, prostração, diarréias e principalmente o abdômen distendido (*ascite*), surgindo *edema submandibular* (papeira).

Verminose pulmonar

É bastante comum, manifestando-se por tosse freqüente, corrimento nasal, respiração ofegante e, principalmente, *taquicardia*. Favorece o aparecimento de pneumonia.

A verminose ataca, com maior intensidade, a partir dos dois meses, depois o animal vai adquirindo resistência; porém, ela é geralmente uma combinação de diversos danos causados por várias espécies de vermes, ocorrendo sempre que há ambiente propício, como umidade.

Controle da helmintose

As práticas recomendadas são:

Manejo das pastagens
a) O descanso das pastagens é muito importante, pois diminui as larvas existentes no solo, pela destruição provocada pelos raios solares e a não-infestação de novas cargas de ovos.
b) Utilização de cochos e bebedouros diminui a ingestão de larvas.
c) Evitar as áreas úmidas e brejos.

d) Nunca fazer piquetes do lado de baixo dos currais para evitar a superinfestação de ovos levados do esterco que escorre das instalações.

e) Somente usar esterco curtido nas pastagens e capineiras, pois os vermes (ovos e larvas) foram destruídos pela fermentação e pelos raios solares.

f) Fazer rodízio de animais para pastejo na mesma área (usando carneiros, cavalos etc.), durante certo tempo, voltando depois a ocupar o mesmo pasto com os mesmos animais.

g) Evitar o pastejo contínuo de bezerros e outros animais na mesma área e ao mesmo tempo.

h) Fazer divisão de pastos (pastos rotativos).

Manejo dos animais

a) A separação por faixa etária é muito importante, pois os animais mais velhos são mais resistentes; no entanto, são fonte constante de contaminação das pastagens para os bezerros mais jovens.

b) Evitar a superpopulação das pastagens, que contamina as forrageiras.

c) Colocar os animais jovens antes dos animais mais velhos para pastar na mesma área, quando os pastos não forem divididos.

Controle dos vermes

É feito por produtos químicos, denominados *vermífugos* ou *anti-helmínticos*, cujo sucesso depende de vários fatores, a saber:
a) do espectro de ação;
b) da dose utilizada;
c) do aparecimento de resistência;
d) da época de aplicação do produto.

Os vermífugos devem agir sobre as espécies de vermes mais comuns e também sobre as formas adultas e larvárias, sendo, portanto, de largo espectro. A dose do vermífugo deve ser obedecida para surtir efeito; sempre pesar os animais para aplicar a dose correta.

Resistência dos vermes aos vermífugos

A seleção de vermes resistentes pode ocorrer devido à utilização de um mesmo produto durante muito tempo numa mesma área.

Época de aplicação dos vermífugos

A época e a freqüência da aplicação dependem do sistema de criação dos bezerros. Em criações extensivas ou à solta, o vermífugo deve ser aplicado duas vezes por ano ou aos 30-60-90 e 135 dias depois dos bezerros serem colocados no pasto. Os bezerros de raças leiteiras ou confinados devem fazer exame das fezes para se saber a quantidade de ovos por grama de fezes.

O fator importante no controle das verminoses é a alimentação que, sendo boa, proporciona resistência ao ataque dos vermes.

Tristeza parasitária ou plasmose bovina

É uma infecção do homem e dos animais, causada por um protozoário do gênero *Babesia*. Compreende duas moléstias distintas, mas quase sempre associadas, causando anemia progressiva. São elas a piroplasmose e a anaplasmose, que diferem pelos sintomas, agentes etiológicos e pelos períodos de incubação.

Piroplasmose

É a primeira que se manifesta, cerca de uma a duas semanas após o contágio infectante. É provocada pelo micróbio hematozoário chamado *Babesia bigemina* e pelo *Babesia bovis* (argentino), que parasitam os glóbulos vermelhos, destruindo-os e provocando profunda anemia. Essa anemia se manifesta por febre alta e pela destruição da hemoglobina que, após dissolvida no plasma, é eliminada pela urina, escura. Nessa fase, deve-se administrar um medicamento, pois a febre está em 40,5°C ou mais e constitui a primeira febre.

A transmissão nos bovinos é feita:
a) por vetores biológicos: carrapato adulto (larva e ninfa);
b) por vetores mecânicos: moscas, mutucas, agulhas e instrumentos cirúrgicos;
c) por vetores veiculadores: morcegos hematófagos.

Sintomas clínicos: febre, inapetência, pêlos arrepiados e principalmente a urina avermelhada com *hemoglobinúria*.

Sintomas nervosos: falta de coordenação ao caminhar, acesso de fúria, olhar fixo e cabeça caída.

Tratamento: há dois modos, a saber:
1) Por meio da técnica da *premunição*, que é uma inoculação dos agentes de forma benigna, fazendo o corpo formar *anticorpos*.
2) Fazer quimioterapia, usando medicamentos à base de quinoliburéia (Piroplasmim) ou Diazoaminobenzeno (Ganaseg) ou Depropianato de Imidocarb (Imizol) — ver bulas — por via subcutânea.

Observar durante 28 a trinta dias os animais que devem ficar em pasto absolutamente sem carrapato. Usar ainda glicose, metionina como recuperadores do organismo (Amplovet, Stimovit, Anemofer). Se houver paralisia do rume e constipação, usar purgante ou laxante.

Passado esse acesso, o animal entra em convalescença, podendo ficar curado. Normalmente, após trinta dias, surge outra doença, a anaplasmose.

Anaplasmose

É a segunda febre que se manifesta, bem mais grave, pois ataca o animal já muito debilitado, e os medicamentos são pouco eficientes. É causada pelo parasita dos glóbulos vermelhos *Anaplasma marginale;* seus sintomas assemelham-se aos da doença anterior, com a diferença de não haver mais homoglobinúria, pois, em seu lugar, instalou-se a *icterícia,* que tinge de amarelo os tecidos brancos do organismo e dá coloração esverdeada à urina. A febre atinge 40,5ºC, quando então se deve administrar um medicamento para diminuí-la.

Tratamento: para recuperação, à base de cardiotônicos, hematoprotetores e antianêmicos. Usar medicamentos à base de tetraciclina (acromicina, Talcin). Geralmente, usa-se oxitetraciclina (Oxivet) e clortetraciclina, que devem ser dadas continuamente durante sessenta dias. Aplicar ainda Androssoro com a adição de dextrose (Stimovit, Anemofer etc.). Para os cascos, aplicar Metassulfa, Sulfabiótic e, como aplicação local, usar Miosthal, Friezol etc. Como estimulante cardíaco e respiratório, usar óleo canforado.

Método de controle das babesias

Existem vários, porém o mais usado é a técnica seguinte:

Técnica da premunição: consiste em se injetar subcutaneamente na região da prega da paleta, onde o couro é mais flexível, de 5 a 10 ml de sangue colhido na veia jugular de um boi de carro ou de outro animal sadio (com exames negativos de brucelose, leptospirose, tuberculose, leucose etc.), misturá-lo com 2% de citrato de sódio (para não coagular) e injetá-lo no animal que se quer imunizar (importado de outras regiões onde não há essas doenças), provocando uma forma benigna das doenças, de modo que se possa facilmente acompanhar em tempo, enquanto vão se formando no organismo do animal os anticorpos que o deixarão imunizado (resistente) a essas doenças locais.

Essa técnica obedece a um esquema:

— os animais precisam ficar em local onde não exista carrapato por um mínimo de trinta dias (olhar bem o capim que fornecer);

— se, após quinze dias, não houver reação (febre), deve-se efetuar uma segunda inoculação de sangue;

— medir diariamente a temperatura por duas vezes (às 9 e às 17 horas), controlando-a e registrando em fichas individuais todo medicamento e temperatura;

— somente medicar para abaixar a febre, quando ela exceder os 40,5°C;

— observar a temperatura que deverá começar a subir a partir do sexto dia (primeira febre), podendo permanecer por até cem dias;

— do nono ao décimo primeiro dia, aplicar bovi-gama;

— depois dessa febre (infecção pela *babesia*), que pode durar quatro dias, decorridos mais ou menos trinta dias, deverá surgir a segunda febre (infecção pelo anaplasma), que requer cuidados redobrados;

— se não for bem tratada, a mortalidade é grande, por volta de 60% dos animais; o restante apresenta seqüelas no aparelho circulatório (pericardite, miocardite, endocardite), conhecidas por *cocoteiras*. Surge, no aparelho locomotor, o *gabaro* ou *calo* no vão do casco, que também pode crescer bastante, dificultando a locomoção do animal.

Técnica de execução: Após a chegada dos animais à propriedade, verificar:

a) as condições de saúde;

b) deixá-los descansar por 24 a 48 horas, alimentando-os com ração, alfafa, feno, capim verde picado (de capineira), sais minerais e água limpa (dar óleo de fígado de bacalhau também);

c) depois desse prazo, executar quatro serviços em duas etapas:

— fazer a inoculação de sangue e ao mesmo tempo efetuar aplicação de carrapaticida, bernicida e sarnicida;

— no dia seguinte, aplicar vermífugo (injetável) e vacinar contra aftose.

Se a quantidade de animais for reduzida, pode-se efetuar os quatro serviços no mesmo dia, desde que não estejam fracos, anêmicos ou magros; caso contrário, devem ser recuperados com isolamento e superalimentação.

Não manejar muito com os animais, não deixando que corram, e não economizando na alimentação, que deve ser de fácil digestão, pois o índice de mortalidade pode atingir os 80%.

Tratamento: seguir os já prescritos para a piroplasmose e anaplasmose.

Botulismo

É causado pela toxina produzida pelo *Clostridium botulinum,* bactéria encontrada em toda parte, porém crescendo em animais ou verduras estragadas. No Brasil, essa doença teve um grande surto no sul da Bahia, em animais que consumiam carcaças em decomposição que continham veneno.

Sintomas: apresentam debilidade, paralisia, até cair. A doença afeta os músculos da garganta não deixando o animal engolir. A língua fica pendente da boca, há baba e muco na narina. Há respiração ofegante, cabeça inclinada para o lado, prisão de ventre, semicegueira e os animais afetados podem morrer rapidamente ou levar de uma a duas semanas para que isso aconteça.

Tratamento: não há curativo e a recuperação é muito difícil.

Prevenção: nunca deixar carcaças de animais mortos expostas ao tempo na superfície das pastagens; sempre enterrá-las fundo.

Deixar sais minerais à disposição dos animais, no mínimo sal comum a 50% e farinha de ossos calcinados ou autoclavados a 50% em peso (cada), misturadas, protegidas da chuva e, para melhor aceitação, misturar com melaço a 10%.

Doenças infecciosas que atacam os órgãos de reprodução

As doenças infecciosas influem na reprodução, atacando direta ou indiretamente os órgãos genitais.

Tuberculose

É uma doença de caráter epizoótico, isto é, transmitida dos animais ao homem e do homem aos animais. É infecciosa, crônica e causada pelo bacilo de Koch.

Ataca no início o sistema línfático ganglionar (a garganta incha), aparecendo nódulos que podem ficar duros ou calcinados. Uma vez adquirida a infecção, ela pode afetar qualquer parte do animal, embora seja mais comum o sistema respiratório (pulmões), principalmente depois de outras doenças (pneumonia, piroplasmose etc.). Nos bezerros, prefere a forma intestinal e, nas vacas, a glândula mamária, infectando também o úbere.

Sintomas: instala-se um emagrecimento progressivo, que irá depreciar a carcaça. A produção de leite diminui, o animal apresenta tosse curta, áspera, seca (parece que está engasgado), forte no início, depois fraca e dolorosa, quando o animal se movimenta, razão pela qual ele procura ficar parado com a cabeça e o pescoço estirados, para facilitar a respiração, expelindo secreções bronquiais amareladas (catarro) pela boca e narinas.

Profilaxia: deve-se somente consumir leite fervido. Fazer tuberculinização no gado no mínimo anualmente. Não adquirir animais de procedência desconhecida sem exame prévio. Manter rigorosa higiene com animais doentes (confinados). Eliminar, incontinenti, os animais que forem positivos.

Tratamento: praticamente não existe nenhum.

Brucelose

É uma doença infectocontagiosa por aborto infeccioso e por febre ondulante no homem. É produzida pelo germe *Brucella abortus bovi* e ocasiona grandes prejuízos econômicos.

Infestação: pode ser adquirida pela água, alimentos (leite) e, principalmente, pela placenta ou restos dela, que contaminam todos os locais onde caem (pasto, cachoeira etc.). Nota-se corrimento vaginal que suja a cauda das vacas.

Conseqüências: provoca a diminuição do leite em 25% e a produção de bezerros em 50% (de 0 a 12 meses) anualmente por aborto; a esterilidade nas vacas em 20%, porque, em cada cinco animais, um fica estéril, sendo encaminhado para o corte (maninha), obrigando assim a uma reposição anual de 30% no plantel.

É transmitida ao homem (leiteiro) por contato direto quando não se dá a devida atenção; produz inchação nas articulações (juntas), tumores subcutâneos; esterilidade nas mulheres e impotência nos homens; nos animais, provoca grande número de abortos com retenção de placenta nas vacas.

Profilaxia: efetuar exames anuais nos animais a partir de seis meses quando não foram vacinados, porque a brucelose age silenciosamente; quando se descobre, já há infestação. Eliminação sumária dos animais reagentes positivos e desinfecção rigorosa dos locais onde houver vacas que abortaram devido à doença. Vacinação em todas as bezerras de quatro a seis meses com vacina vírus vivo Abortina B-19 ou Brucelina.

Observação: os animais que acusarem no exame o índice de 1:50 são suspeitos, devendo-se efetuar novo exame depois de trinta dias (e até um terceiro exame). Os animais com 1:100 a 1:200 e acima são positivos, devendo ser eliminados com rapidez.

Tricomoníase

É uma doença venérea, causada pelo germe *Trichomonas fectus*, no momento do coito natural.

Conseqüências: provoca aborto contagioso, precoce, vaginite e piometra e, nas fêmeas, a cobertura pode falhar (não enxertar).
Mesmo depois de prenhe, a fêmea poderá abortar.
O feto poderá morrer e continuar no útero.
Quando há aborto, acontece geralmente à noite, não sendo notado. Ocorre da terceira à décima sexta semana de gestação, voltando o animal a entrar em cio para surpresa de todos. O feto pode se desmanchar, transformando-se num líquido pastoso, cinza-claro, que produzirá um corrimento constante no quarto mês de gestação, sujando a cauda.
A tricomoníase também produz a endometrite catarral (piometra), permanecendo por mais de ano (pode ocorrer também em vaca seca).

Tratamento: deve-se efetuar lavagens uterinas, usando-se solução de Lugol a 3%, e dar Entril Veterinário por via oral.
Fazendo-se inseminação artificial, evita-se essa doença.

Vibriose

É uma doença também venérea, infectocontagiosa, causada pelo *Vibrio fectus*, e produz grande prejuízo porque evita que as vacas fiquem prenhes, embora estejam constantemente em cio (podem infectar touros). Quando as fêmeas ficam prenhes, correm o perigo de abortar durante toda a prenhez, sendo que a maior incidência ocorre do quinto ao sexto mês. As vacas atacadas têm o embrião destruído, sendo o feto reabsorvido pelo corpo. A porcentagem de prenhez cai para 50%.

Transmissão: ocorre pelo coito natural. A inseminação artificial evita essa doença.

Pode-se reconhecer a vibriose quando a vaca está no rebanho, pois aparecem muitas vacas em cio ao mesmo tempo, com repetições irregulares de dez a sessenta dias, sendo que essas vacas estão constantemente com corrimento vaginal (cauda suja), ficando temporariamente estéreis.

Tratamento: fazer lavagens uterinas aplicando-se solução de Lugol a 1% ou Rivanol (qualquer antisséptico) e, em seguida, aplicar antibiótico (Vibrin, Tetrasol etc.). Atualmente se usa a vacina *Vibriovac*.

Leptospirose (pomona)

É uma doença causada pelo germe *Leptospira bovis*. Provoca febre e, às vezes, icterícia, em seguida aborto, causando também muitas falhas na reprodução.

Nas vacas que estão amamentando produz mamite, podendo surgir diarréia forte com parada na produção de leite. Nos bezerros, a mortalidade é violenta, chegando a 60%, pois provoca nascimento de prematuros (natimortos).

Transmissão: é feita por contato, quando ficam muitos animais aglomerados em pequenas áreas, em locais com água parada misturada com urina (brejo) e principalmente por ratos que andam e urinam nos sacos de ração. Também pelo leite que os bezerros mamam. Os germes se alojam nos rins dos animais.

Profilaxia: vacinação e uso constante de higiene em geral.

Tratamento: aplicar antibiótico e diuréticos (Amplabiótico, Biogenthal, Lasix, Diuran etc.).

Listeriose

É uma doença provocada pelo germe *Listeria monocytogenes*, que invade o cérebro e as meninges, atacando o sistema nervoso central.

Ataca também o homem e, nos animais, provoca o aborto entre quatro e sete meses de gestação, com a morte do feto, se chegar a nascer.

Transmissão: é feita por ingestão de água, leite, pela placenta e pelo corrimento (metrite) das fêmeas. Os bezerros, quando gerados, se chegarem a nascer, são fracos e morrem em poucos dias.

Profilaxia: ferver o leite para o consumo, usar higiene nas lavagens uterinas e desinfectar os locais contaminados por animais doentes ou que abortaram (produz sujeira na cauda).

Tratamento: pode-se vacinar os animais sadios e aplicar antibióticos à base de tetraciclina nos animais doentes.

Vaginite

É uma doença que provoca inflamação da mucosa vaginal com formação nodular (colpite granulosa), dando origem a um catarro vaginal constante (suja a cauda).

Tratamento: lavagens uterinas e aplicação de antibióticos (Propen, Gandol, Biogenthal, Tetrasol etc.).

Vulvite

É uma inflamação da vulva (vaso). Aplicar desinfetante (Tetrasol, Propen).

Exântema coital

São vesículas (feridas) externas nos órgãos genitais das fêmeas, produzidas por vírus. Aplicar desinfetante, seguido de Lisococcin, Quemicetina, Succinato etc.

Retenção de placenta ou secundinas

É uma falha uterina no ato de expulsar as membranas fetais ou placenta (palha, companheiro), depois do parto. Diz-se que "a vaca não limpou". Este acidente é causado pela aderência (colagem) anormal do córion no endométrio (cotilédones nas carúnculas). Caracteriza-se como tal doze horas após o parto.

Causas: geralmente é por falta do hormônio progesterona ou de vitamina A e ainda devido ao desequilíbrio provocado pela falta de fósforo e excesso de cálcio.

O animal vai soltando as membranas por partes, ficando às vezes penduradas na vulva, balançando-se. Adquirem uma coloração cinza-avermelhada, depois ficam da cor de chocolate, com odor fétido, repugnante. Em estado avançado, causa no animal inapetência, paralisação na ruminação, abatimento, os pêlos ficam eriçados, sem brilho, há febre, alteração do cio e paralisação da produção do leite.

A retenção da placenta, de um modo geral, revela infecção grave associada à doença infecciosa.

Profilaxia: enterrar toda a placenta, evitando deixá-la esparramar pelos locais. Fazer uma desinfecção rigorosa onde o animal doente esteve, usando-se água com soda cáustica ou cândida, devendo ficar o local sem receber animal por três dias.

No animal deve-se fazer lavagens uterinas para ajudar a expulsão das membranas, aplicando-lhe injeções de oxitocina (orastina etc.) e de reforço para o animal como cálcio composto ou Calfosthal, Metrol, Estrogenol, Calfomag etc.

Se o problema se agravar, deve-se chamar o veterinário para não perder o animal.

Lavagem uterina ou intra-uterina

São irrigações com antissépticos que se fazem no útero das vacas para prevenir ou combater infecções internas dos órgãos genitais, auxiliar a expulsão das membranas fetais após o parto e favorecer o aparecimento do cio.

A água que será usada para fazer a lavagem deve ser sempre fervida e deixada amornar, quando então se coloca o medicamento (antisséptico), que deve atuar contra os germes aeróbios (usar permanganato de potássio, Espadol) e contra os anaeróbios (Rivanol, Lisoform). Depois, deve-se esperar algum tempo (quinze minutos) para que o animal, fazendo força (espremendo), consiga expelir o líquido do útero com os resíduos e só então se coloca o medicamento no útero (bananinhas de antibióticos, Furacin), sem perigo de o medicamento ser expelido também.

Quando a infecção é muito forte, deve-se usar antibiótico de largo espectro (Metrol, Pentabiótico etc.), devendo o diluente ser aumentado (300 ml).

Para se fazer a lavagem, usa-se um irrigador de folha ou uma bolsa de borracha (com água quente), onde se coloca uma alça na parte de baixo para ser transpassada por uma corda (peia de vaca) e elevada até a altura da tesoura do telhado. A tampa da bolsa deve ser furada e dotada de um pino destinado a receber um tubo de borracha ou plástico de 1,80 m de comprimento, 4 a 8 mm de espessura. Na outra extremidade, deverá ser colocada uma torneira de plástico, na qual se fixará uma sonda de metal, que será colocada nos órgãos genitais da vaca, devendo ultrapassar a cérvix para soltar a solução diretamente dentro do útero, quando, com movimentos de entra-e-sai, efetua-se uma verdadeira lavagem.

Uso de lavagens uterinas

Usa-se fazer lavagens uterinas nas seguintes ocasiões:
— nos animais recém-paridos, com vinte dias, em todos os partos, mesmo normais, para auxiliar a limpeza interna e melhorar a retração do útero, favorecendo assim o retorno de um cio fértil entre 58 e 62 dias de paridos;
— nos animais que tiverem retenção de placenta (a partir de três horas depois);
— em todos os animais que apresentarem a cauda suja, na altura da vulva (corrimento seco), a saber:
• *endometrite:* inflamação, com engrossamento das paredes da vulva e da vagina, sempre produzindo um corrimento purulento, causando infertilidade temporária nas vacas;
• *piometrite* ou *piometra:* inflamação com formação de pus em todo o útero;
• *metrite:* é o início de inflamação do útero.
Os medicamentos mais usados são os antibióticos conjugados com sulfa (Propen, Tetrasal, Gentavit, Metrol, Amplovet, Bactrosina, Acromicina etc.).

Solução de Lugol: preparar em farmácia: iodo, 5 g; iodeto de potássio, 10 g; água q.s.p., 100 ml.
Em corrimentos, em geral usar solução a 1%.
Em retenção e prolapso de útero, usar a 2%.
Em tricomoníase, usar a 3%.
Para despertar o cio, usar a 1%.

Febre vitular, febre de leite, paresia puerperal (choque)

É uma afecção grave que aparece bruscamente nas vacas leiteiras recém-paridas, do primeiro ao sétimo dia (em média com 72 horas), em idade adulta (entre a quarta e a nona cria), quando são muito gordas ou quando são forçadas na produção de leite (concurso leiteiro).

A causa é a deficiência funcional das glândulas paratireóides, da hipófise e das supra-renais, juntamente com a deficiência do sangue em sais minerais (hipocalcemia), provocando o desequilíbrio de cálcio, fósforo e outros minerais.

Conhece-se essa doença pela hipotermia (queda de temperatura). Os animais ficam com as extremidades geladas, com tremedeira, tornam-se indiferentes (anorexia), ficam insensíveis à dor (não sentem espetadas rápidas na espinha, na perna, etc. feitas com agulha de injeção como teste), ficam deitados pela paralisia motora repentina, com entorpecimento e prostração total. Os reflexos oculares diminuem e a pupila não reage à luz; parecem sonolentos, com os olhos parados, a cabeça virada para trás; lambem o corpo, não comem, não ruminam, podem berrar no começo, depois a boca fica cerrada, o focinho, seco; rangem os dentes, não urinam, não evacuam e apresentam contrações espasmódicas musculares, havendo perda total de produção de leite.

Se o animal não for tratado imediatamente, os sintomas se agravam, tornando a respiração acelerada e difícil, provocando grande salivação, paralisia do rume e dos órgãos de mastigação; além disso, a vaca não toma conhecimento do bezerro.

Durante os primeiros dois dias depois do parto, é preferível não extrair todo o leite, para evitar a febre láctea (vitular).

Tratamento: fazer aplicação imediata de injeção endovenosa de gluconato de cálcio a 20%, de 0,750 a 1.000 ml, aplicando lentamente durante cinco minutos (cálcio glicosado Vallèe, Calfosthal etc.). É necessário elevar a taxa dos minerais (cálcio, fósforo e sódio, magnésio etc.). Pode-se ainda aplicar cloreto de cálcio, 40 g, cloreto de magnésio, 15 g, em soro fisiológico, 1.000 ml. Dar fortificante para o coração (óleo canforado, coramina etc.) e, depois de uma semana, aplicar vitamina D_2 em dose alta (5 milhões de unidades). Depois de medicado, o animal melhora, pelo aumento da temperatura, pela volta de sensibilidade e pelo funcionamento dos intestinos e bexiga (Frutovit, Lasix).

Um animal nessas condições não deve se resfriar para não apanhar pneumonia e deve receber alimentos aquosos (pontas de cana e de capins) por serem de digestão mais fácil. Em seguida, fazer uma lavagem uterina com antissépticos.

DOENÇAS DO ÚBERE DAS VACAS

O úbere deve merecer todos os cuidados, pois na vaca de leite, o úbere é tudo: perdido ou prejudicado, essa vaca perde o valor como leiteira e vai para o corte.

O que pode afetar o úbere são as anomalias e as doenças propriamente ditas.

Verrugas

São saliências, às vezes numerosas, que dão ao úbere um aspecto feio, desvalorizando a estética do animal, sendo as causas indiretas de mamite, pela obstrução que causam nos canais de leite (residual).

Devem ser eliminadas, podendo-se, para isso, usar os medicamentos que existem na praça (figueirina-verrugado, verrugina etc.). Como medicamento auxiliar, amarrar fortemente a verruga com um fio de náilon ou de seda, pela sua base. Para surtir efeito, deve-se diariamente apertar o amarrio, que a verruga logo cairá. Desinfetar o local com medicamentos iodados (passar óleo diesel, Formoped, aplicar ácido tricloroacético ou salicílico, Ganaseq).

Tetas rachadas

São acidentes que surgem nos úberes, causados por diversos motivos, com umidade dos estábulos, excesso de sol nos úberes, dias muito quentes de verão, lama que gruda nas tetas quando as vacas atravessam brejos, água ou leite que fica no bico, baba do bezerro (ácida). Inicialmente, a pele se resseca muito e depois racha, podendo ficar em carne viva.

Evita-se isso mantendo-se o local limpo e seco, realizando uma ordenha seca e mantendo as camas limpas e secas também.

Para tratar as tetas rachadas, deve-se lavá-las com água morna e sabão, enxugando-as bem: a seguir, pincelá-las com antissépticos iodados e passar pomada cicatrizante. Tudo isso deve ser feito depois de terminada a tirada de leite (Derabe, Vetaglos, Derabol).

Estreitamento do canal lácteo

Na vaca leiteira, principalmente após a primeira cria, é comum essa anomalia de caráter removível. O canal pode ser fechado ou, às vezes, somente o bico. Deve-se usar uma sonda mamária ou bisnaga de medicamento (pomada). A obstrução por inflamação pode ser parcial — neste caso, a sonda resolve — ou então pode ser completa nas novilhas de primeira cria. Às vezes, há necessidade de intervenção com um trocarte ou sonda dilatadora. Pode-se fazer o seguinte:

a) segura-se a teta na mão esquerda, depois de bem desinfetada;
b) por pressão, faz-se o leite chegar o mais próximo do bico (saída);
c) com a mão direita, tenta-se a perfuração com uma agulha-sonda fina; depois uma mais larga (trocarte);
d) o animal deve ser trabalhado .e pé e depois de feito o serviço, receber sonda durante algum tempo.

Por recomendação prática, deve-se introduzir a sonda duas horas antes da ordenha e fazer massagens com medicamentos (linimentos).

Cálculos ou pedras

Também atacam o úbere das vacas. Pode-se tentar removê-los, fazendo massagens com linimentos, untar o úbere com pomadas e massagens na ponta da teta. Quando as pedras são muito grandes, requerem uma operação, que deverá ser feita por veterinário, pois há o risco de se perder a teta, ao cicatrizar.

Mamite ou mastite

É a inflamação das tetas com infecção microbiana do úbere em geral.

Essa doença causa muitos prejuízos, pois reduz a produção do leite em 30 %, a de gordura em 20 %, chegando até a torná-lo impróprio para o consumo.

Sintomas: a infecção começa quando as bactérias entram pelo bico das tetas e se multiplicam rapidamente na cisterna de leite, provocando inflamação com estado febril, o úbere fica avermelhado, inchado, quente e dolorido na fase aguda (primeira fase). Sabe-se que é mastite pela alteração no aspecto físico do leite, quando aparecem filamentos, isto é, pelotinhos chamados grumos, que são a coagulação da caseína do leite, que passa a ser aquoso, com sangue. Finalmente fica amarelado e viscoso. Se não for tratado rapidamente, o úbere endurece, empelota, passando para a fase crônica, que é de cura difícil e portanto deve ser evitada. No final, há encolhimento do quarto do úbere e atrofia da teta.

Principais causas da mamite:
— batidas (traumatismos) externos e internos no úbere;
— leite residual nas tetas e no úbere (constantemente);
— idade avançada das vacas (de sete anos em diante);
— conformação defeituosa das tetas e do úbere;
— restos de doenças (febre aftosa, brucelose, tuberculose etc.);
— uso de copos velhos na ordenhadeira mecânica (com rugas, moles);
— lentidão na ordenha, com interrupções constantes.

Teste (pesquisa): quando se desconfia que o animal está doente, deve-se fazer o leite passar por uma peneirinha fina, de preferência de tecido escuro, colocada na boca de uma canequinha usada só para isso, verificar se aparecem coágulos ou grumos ou mesmo outra anomalia qualquer nos três primeiros jarros do leite, para saber se há mamite.

Transmissão: é feita em geral pelo ordenhador descuidado que leva na mão o vírus, de uma vaca para outra, podendo também ser feita pelos copos das ordenhadeiras (teteiras), quando mal lavados e desinfetados, ou ainda diretamente, quando a vaca se deita em local onde esteve deitada uma outra vaca doente ou em local de piso mal cuidado.

Profilaxia: deve-se dividir o rebanho em três grupos e tirar sempre o leite dos animais sadios em primeiro lugar, depois daqueles que possam estar infectados (suspeitos) e, finalmente, dos que estão doentes e que, futuramente, irão para o corte, porque a doença já se tornou crônica. Passar o leite pela peneirinha, em todas as ordenhas.

Nunca se deve deixar cair ou jogar o leite contaminado no chão; deve-se usar um balde só para esse serviço, jogando o leite fora (não dar para nenhuma criação). Terminada a ordenha, fazer repasse nas tetas se foi usada a ordenhadeira mecânica.

Deve-se tomar um cuidado especial quando a vaca estiver no fim de leite, colocando-se medicamentos (Anamastit S) nas quatro tetas no dia em que ela for solta no pasto de gado solteiro (seco).

Fazer imersão das tetas numa caneca com solução antisséptica (Hipoclorito de sódio) iodada, depois de terminada a ordenha, para não ficar leite no bico da teta, o que acidificará o bico, provocando rachadura nas tetas.

Limpar todas as peças da ordenhadeira com detergentes e antissépticos.

Deixar os animais sempre em cama limpa, conservar o estábulo limpo, lavado e seco, espalhando cal em pó no piso pelo menos duas vezes por ano.

Atualmente pode-se vacinar os animais com Lactovax.

Tratamento: deverá ser feito o mais rapidamente possível (aplicar Estrogin).

Suspender toda a alimentação que contenha proteína.

Terminada a ordenha, colocar antibiótico (Anamastit L-200, Metibiotic etc.) nos canais das tetas doentes, prendendo a ponta do peito com pressão de dois dedos. Com movimentos de baixo para cima, efetuar uma massagem para que o medicamento suba e atinja a cisterna láctea (parte superior da teta).

Prática: para uma cura mais rápida, fazer compressas de água quente, esgotar todo o leite, se possível de duas em duas horas, e após cada ordenha colocar antibiótico que seja conjugado com sulfa (Amplovit, Amplabiótico etc.). Se o grau de mamite for avançado, deve-se aplicar diretamente no úbere 10 cc de Tergentol para amolecer o pus e aplicar uma mistura de Bactrosina com Gentavit na veia (dose dupla), no primeiro dia, baixando, então, para a dose normal nos dois dias seguintes.

A **EDITORA NOBEL** procura sempre publicar obras que atendam às necessidades e interesses dos leitores. Com o objetivo de satisfazer de forma cada vez melhor sua expectativa, elaboramos este questionário. Solicitamos que você o responda e o envie para a Editora Nobel. Agradecemos desde já por sua colaboração.

P.S.: - Se você não quiser recortar o livro, transcreva o questionário em uma folha avulsa.

1. Título que adquiriu: _____

   Autor: _____

   Finalidade da compra: _____

2. Você já conhecia os livros publicados pela Nobel? Sim ☐   Não ☐

3. Você já havia adquirido algum livro editado pela Nobel? Sim☐   Não ☐

4. Qual a sua opinião sobre os livros editados pela Nobel quanto à:

Qualidade editorial	☐ Ótima	☐ Boa	☐ Regular	☐ Má
Qualidade gráfica	☐ Ótima	☐ Boa	☐ Regular	☐ Má
Apresentação gráfica	☐ Ótima	☐ Boa	☐ Regular	☐ Má

5. Quais são suas áreas de maior interesse? (Favor numerar, pela ordem de interesse, lembrando que o nº 1 corresponde àquela que mais lhe interessa).

   ☐ Administração   ☐ Economia   ☐ Marketing
   ☐ Agricultura   ☐ Engenharia   ☐ Negócios
   ☐ Animais Domésticos   ☐ Fruticultura   ☐ Pássaros
   ☐ Artes e Arquitetura   ☐ Horticultura   ☐ Peixes Ornamentais
   ☐ Direito   ☐ Jardinagem   ☐ Psicologia
   ☐ Ecologia   ☐ Literatura   ☐ Vendas
                                                 ☐ Veterinária e Zoologia

6. Na compra de um livro, o que você mais leva em consideração? (Favor numerar pela ordem de importância.)

   ☐ Preço   ☐ Se há ilustrações   ☐ Editora
   ☐ Capa em cores   ☐ Comentários da imprensa   ☐ Tamanho da letra
   ☐ Formato do livro   ☐ Nacionalidade do autor   ☐ Exposição em livraria
   ☐ Número de páginas   ☐ Assunto abordado   ☐ _____

7. De que maneira você se informa sobre os novos lançamentos da Nobel?

   ☐ Jornal/Revista   ☐ Folheto/Mala direta
   ☐ Na própria livraria   ☐ Catálogo
   ☐ TV/Rádio

8. Dados pessoais para cadastramento:

   Nome _____

   Sexo   Masculino ☐   Feminino ☐

   Endereço _____

   Cidade: _____ UF _____ CEP_____

   Fone: (   ) _____ R. _____ Fax: (   ) _____

   Data de nascimento _____ Profissão _____

Você já está cadastrado e receberá catálogos e folhetos da
EDITORA NOBEL com as novidades em sua(s) área(s) de interesse.
Caso não queira entrar no cadastro para receber o material promocional,
escreva-nos comunicando seu pedido de exclusão:

EDITORA NOBEL - *Central de Atendimento ao Consumidor.*

Rua da Balsa, 559 - CEP-02910-000
São Paulo-SP